芦荟、食用仙人掌

木立芦荟

库拉索芦荟
（芦荟之王）

中华芦荟

庭园露地栽培的大叶芦荟

芦荟、食用仙人掌

菜用仙人掌

仙人掌食品

库拉索芦荟花

芦荟、食用仙人掌

麻辣仙人掌

仙人掌蘸酱

仙人掌拌豆腐

蜜汁芦荟

雀巢爆芦荟花

荷池芦荟卷

三夹芦荟

芦荟、食用仙人掌

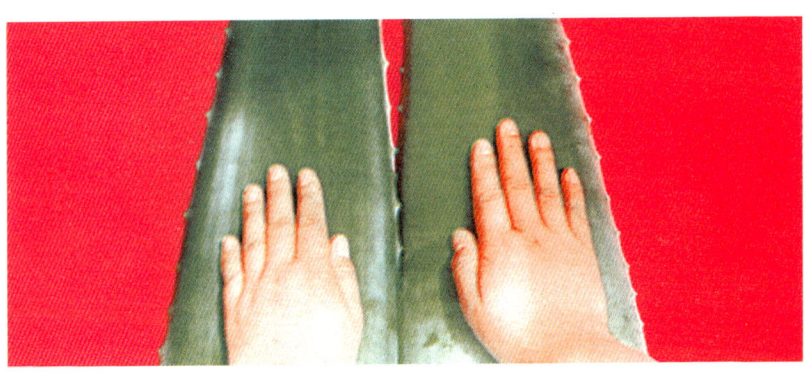

芦荟叶宽

种类繁多的芦荟产品

安全、优质、高效蔬菜栽培新技术丛书

芦荟和食用仙人掌种植新技术

主　编　程智慧

参　编　徐重益　徐　强　付术琳

西北农林科技大学出版社

图书在版编目(CIP)数据

芦荟和食用仙人掌种植新技术/程智慧主编. —杨凌:西北农林科技大学出版社,2005(2009.4重印)
(安全、优质、高效蔬菜栽培新技术丛书)
ISBN 978-7-81092-173-2

Ⅰ.芦… Ⅱ.程… Ⅲ.①芦荟—栽培 ②食物本草—仙人掌科—栽培 Ⅳ.①S567.23 ②S644.9

中国版本图书馆 CIP 数据核字(2004)第 138310 号

芦荟和食用仙人掌种植新技术
主编 程智慧

出版发行	西北农林科技大学出版社			
地 址	陕西杨凌杨武路3号	邮 编:712100		
电 话	总编室:029—87093105	发行部:87093302		
电子邮箱	press0809@163.com			
印 刷	西安华新彩印有限责任公司			
版 次	2005年1月第1版			
印 次	2009年4月第2次			
开 本	850 mm×1168 mm 1/32			
印 张	4.5			
字 数	105千字			

ISBN 978-7-81092-173-2
定价:9.00元
本书如有印装质量问题,请与本社联系

安全、优质、高效蔬菜栽培新技术丛书

总 策 划	张世中
主　　任	傅朝荣
副 主 任	吕金殿　魏宏升
委　　员	（按姓氏笔画排列）
	王之奎　邓蕴洁　吕金殿　刘兴连
	祁周约　邹志荣　张建军　赵献军
	郭民主　郭晓成　傅朝荣　魏宏升

本系列主编　邹志荣

内容提要

本书系统地介绍了芦荟和食用仙人掌高产栽培新技术和栽培设施,包括塑料薄膜大棚和日光温室的结构、性能、主要设计参数及建造、设施环境特点及其调控技术,芦荟和食用仙人掌的形态特征、生长发育特点、对环境条件的要求、品种类型和优良品种、繁殖技术、露地栽培技术、盆栽技术、塑料大棚栽培技术、日光温室栽培技术、病虫害及其防治技术,以及简易加工和利用技术。

本书内容简明、实用,与中央电视台农业节目的相关音像资料相互配套,文字通俗易懂,适合广大菜农和基层蔬菜生产技术人员阅读使用,也可供大专院校师生教学参考。

特别提示:本丛书与央视7套农业技术节目光盘配套,光盘内容以楷体出现,前注※。

序

我国是一个农业大国,党和政府始终高度重视农业、农村和农民问题。当前,我国农业已进入了现代农业发展的新阶段。食品安全生产、提高农产品质量,保护农业生态环境、不断增加农民收入、引导亿万农民奔小康,是这个阶段农业发展的中心任务。要实现农业现代化和农民的普遍富裕,关键是要大力普及和推广适应现代化农业发展的实用、先进的农业科学技术,极大地提高广大农民应用科学技术的能力。以科学技术促进现代农业发展已成为我国农业工作的当务之急。

西北农林科技大学出版社与中国农影音像出版社在帮助农民实现知识化、专业化和职业化方面进行大胆尝试,在广泛深入调查的基础上,针对农业生产,特别是出口创汇农业面临的新问题,组织全国有关知名专家、教授编写了这套"农业安全、优质、高效生产新技术丛书",涵盖了果树、蔬菜、实用菌、花卉栽培新技术和畜禽、水产科学饲养(养殖)与疫病防治等方面内容。丛书的选题与内容适应了当前农业结构调整和产业化发展的需求,以市场为导向,以名、优、特产品为中心,以优质、高效、无公害和标准化的新技术为主线,突出了先进性、实用性和可操作性,是作者在长期科研、生产和推广实践中的经验总结,凝聚了他们爱农、为农、支农的一片真情。特别值得一提的是本套图书内容与央视7套农业技术节目光盘内容相配套,做到了书盘互补,更能加深读者对技术的理解和掌握。

总之,我觉得这套图书内容广泛,技术新颖,基本体现了我国农业科研领域的先进技术,可谓是读者的良师益友。我深感欣慰,因而特为之做"序"。

愿这套丛书成为农民朋友打开知识宝库的金钥匙,学习技术的好帮手,掌握职业技能的指南针。愿丛书与她的作者们成为农民最信赖的朋友!

原中国农科院院长
原中国工程院副院长
中国工程院院士

2004 年 11 月

目 录

第一章 塑料大棚和日光温室环境的调控技术……………(1)
  一、光照条件的调控 …………………………………… (1)
  二、温度条件的调控 …………………………………… (2)
  三、湿度条件的调控 …………………………………… (4)
  四、土壤条件的调控 …………………………………… (5)
  五、气体条件的调控 …………………………………… (7)

第二章 芦荟 ……………………………………………… (10)
  一、芦荟的基本知识 …………………………………… (10)
  二、芦荟优质丰产栽培技术 …………………………… (26)
  三、芦荟盆栽技术 ……………………………………… (45)
  四、芦荟的病虫害防治 ………………………………… (53)
  五、芦荟的化学成分及其利用 ………………………… (58)

第三章 食用仙人掌 ……………………………………… (69)
  一、食用仙人掌的基本知识 …………………………… (69)
  二、食用仙人掌的繁殖技术 …………………………… (84)

第四章 食用仙人掌的栽培技术 ………………………… (92)
  一、食用仙人掌家庭盆栽技术 ………………………… (92)
  二、食用仙人掌露地栽培技术 ………………………… (99)
  三、食用仙人掌塑料大棚栽培技术 …………………… (106)

1

四、食用仙人掌温室栽培技术 …………………………… (112)

第五章　食用仙人掌常见病虫害防治……………………… (122)
　一、主要病害 …………………………………………… (122)
　二、主要虫害 …………………………………………… (125)

第六章　食用仙人掌的采后处理和加工…………………… (128)
　一、食用仙人掌采后处理和贮藏 ……………………… (128)
　二、食用仙人掌休闲食品的加工 ……………………… (131)

第一章　塑料大棚和日光温室环境的调控技术

第一章
塑料大棚和日光温室环境的调控技术

一、光照条件的调控

塑料大棚和日光温室光照条件的要求是,光照充足,分布均匀。人工调节包括增加自然光照、弱光期或日照时数少的季节和地区进行人工补光、强光季节和地区或进行软化栽培时遮光。

（一）增加设施内自然光照的措施

包括选择光照充足的地块建造保护地设施、确定合理的建造方位、设计合理的采光屋面角度、选用遮光小的结构及骨架材料、选用透光率高的透明覆盖材料并经常清洁棚面、充分利用日光温室的后墙和山墙增加反射光、适时揭盖草帘、调整作物种植结构等。

（二）减弱设施内自然光照的措施

减弱光照的措施主要是人工遮光。遮光方法主要有：覆盖遮

芦荟和食用仙人掌种植新技术

阳物(遮阳网、防虫网、无纺布、草帘、苇帘、竹帘等),一般可遮光50%~55%,降温3.5~5.0℃左右,目前在生产中应用最广泛;玻璃面涂白或塑料薄膜抹泥浆法,一般可遮光20%~30%;玻璃面流水法,可遮光25%,降低室温4℃。

(三)人工补光

补光分为控制日长反应的日长补光和增强光照强度的栽培补光。日长补光是为了抑制或促进作物花芽分化,调节开花期,打破休眠等,一般只要求几十勒克斯的光照。而栽培补光主要是促进作物光合作用,促进作物生长,要求补光强度在2 000~3 000勒以上,光强度具有一定的可调性,而且要求有一定的光谱能量分布,具有太阳光的连续光谱。

1. 人工光源的种类　有白炽灯、荧光灯、金属卤化物灯和氙气灯。白炽灯为第一代电光源,价格便宜,但光效低,光色较差。目前多作为辅助光源使用,寿命大约为1 000小时;荧光灯为第二代电光源,价格便宜,发光效率高,光谱主要集中在可见光区域,还可以通过改变荧光粉成分,以获得所需要的光谱,灯的寿命长达3 000小时,是目前应用最普遍的电光源,但功率小;金属卤化物灯和氙气灯为现代光源,光效高、光色好、寿命长、功率大,是目前高强度人工补光的主要光源。

2. 补光时间和强度　补光时间和强度依作物种类及补光目的而定。如用于调节开花期的日长补光,可在上午揭帘前和下午放苦后各补光4~6小时,以保证有效光照时间在12~14小时,采用每5~10瓦/平方米的日光灯或白炽灯。如果用于栽培补光,每天补光时间不宜超过8小时,光强度根据作物种类而定。

二、温度条件的调控

设施内的热量来自两个方面:一是太阳辐射能,另一部分是人

第一章 塑料大棚和日光温室环境的调控技术

工加热量。而热量损失的三种主要形式是地中传热、贯流放热和缝隙放热。白天进入室内的热量,在土壤中经过横向传导而传递到室外土壤中的热量损失方式叫地中传热。地面得到的热中,有一部分以反射和对流的形式被传递到温室各维护面(包括墙体、屋顶及棚膜)的内表面,然后又由外表面以辐射和对流的方式把热量散失到空气中去,这种失热过程叫贯流放热。通过温室的门窗、墙壁的缝隙、棚膜的孔隙,以对流的形式向室外传热的方式叫缝隙放热。

在生产实践中,如果入射到室内的太阳辐射热量大于放热量,热量就有节余,节余的热量便成为室内增温热量。另外,太阳辐射热量一定时,设法减少放热损失,或是加温,室内温度也能升高。

(一) 保温措施

根据以上分析,只要白天增大入射到室内的太阳辐射热量,减少三种主要放热损失,就可以使进入设施内的热量得以保存下来。

1. 减少缝隙放热　选择适宜建材和注重工程质量,尽量避免缝隙放热。

2. 减少贯流放热　保证墙体(后坡)的厚度,尽量保持墙体(后坡)干燥,以减少墙体和后坡的贯流放热量。因为干燥的墙体比湿墙体导热系数低。

3. 增大保温比　保温比是指设施内土地面积与温室或大棚覆盖及围护材料表面积之比。保温比越大,保温越好。

4. 设置防寒沟　减少地中传热损失。

5. 采用多层覆盖　日光温室前屋面的热量损失约占夜间温室热量损失的80%,要防止热量通过透明前屋面流失,最有效、最实用和最经济的方法就是采取多层覆盖。多层覆盖常用的有室外草帘+纸被、草帘+无纺布、草帘+旧塑料棚膜、棉被+无纺布等;室内设二层保温幕、小拱棚、地膜覆盖栽培畦、薄膜(无纺布)覆盖裸露地面等。

(二)增温措施

1. 增大温室的透光率　任何一种增大温室透光率的措施,都能使土壤积累更多的热量,提高室内温度。

2. 避免土壤过湿　利用白天土壤蓄热,从而使夜间增温。

3. 采用复合材料建筑后墙和后坡　温室的后墙和后坡采用内侧蓄热能力强、外侧隔热性能好的材料,构成复合体,可使室内白天大量蓄热,减少夜间放热,达到增温的目的。

4. 地面喷洒增温剂　每30天在地面喷施一次增温剂,可提高地温2~4℃。

(三)加温措施

设施内可用炉火、暖气、暖风、电热线、热水管等多种加温方式进行加温,具体可因地制宜,选择经济、有效的加温方式。

(四)降温措施

1. 遮光降温　采用各种遮光措施,如遮阳网、与高架作物间作等,减少进入设施内的太阳辐射能,可有效降温。

2. 喷(灌)水降温　在室内地面灌水或喷水,增大土壤蒸发耗热,可降低温度。

3. 通风降温　是降温最常用的方法,分为强制通风和自然通风换气降温。

4. 湿帘降温　大型设施可采取湿帘降温法,即在温室进风口内设10厘米厚的棕毛垫窗,用循环水不断地浇湿窗内的棕毛垫,温室另一端用排风扇抽风,使进入室内的空气先通过湿垫窗被冷却再进入室内。

三、湿度条件的调控

(一)降低湿度的措施

1. 通风排湿　通风是降低湿度的重要措施,排湿效果最好。

但是通风必须要降温,所以必须在高温时进行,深冬和春季一般应在中午前后进行,其他时间也要在保证温度的前提下,尽量延长通风时间。顶部风口排湿效果最好,外部气温高时,可同时打开顶部和前部两排通风口,便于排湿充分和均匀。

2. 地膜覆盖 畦面覆盖地膜,防止土壤水分向室内蒸发,可以明显降低空气湿度。并可提高地温,是一项方便、有效的降湿、增温措施。采用地膜覆盖,膜下灌水,一方面可控制灌水量,另一方面可减少水分蒸发,有效降低室内湿度。

3. 畦间覆草 畦间供人作业的走道,可覆盖稻草、麦秸,降低空气湿度。但盖草后会造成地温下降,冬季不宜采用。

4. 覆盖防雾无滴膜 选用防雾无滴膜覆盖,可减少膜表面结露和室内起雾,防止作物沾湿。

5. 增温降湿 加温使室温每升高1℃,室内空气湿度约可降低5%左右。另外,增加透光量可提高室温,室温升高后常进行通风换气,也可达到降湿的目的。

6. 张挂无纺布保温降湿 无纺布可以吸收水分,夜间张挂无纺布,既可保温,又可降湿。

(二)增加湿度的措施

主要有地面灌水或洒水、空间或植株叶面喷水(雾)等措施。

四、土壤条件的调控

设施内比露地温度高、湿度大,且不受雨淋。栽培上集约化程度高,施肥量大,利用时间长,连作严重,使土壤理化性质和生物状况等发生较大变化。栽培上必须采用相应的调节措施,才能保持良好的生长发育。

(一)土壤盐分障碍的调控

1. 标准化施肥　根据栽培作物的需肥量、肥料利用率及土壤供肥能力,进行平衡施肥,并采取少量多次的施肥方法,防止一次用肥过多。同时注意选择肥料种类。

2. 土壤改良　大量增施有机肥、施用作物秸秆(每667平方米施1吨左右),改善土壤理化性质。

3. 地膜覆盖　采用地膜覆盖可减少土壤表面水分蒸发,防止土壤下层盐分上移。

4. 休闲期洗盐　在夏季休闲期进行大水洗盐,灌水量一般在200毫米以上,任其向下渗透,或再把水排出室外。也可在夏季揭膜后,用雨水洗盐。

5. 生物除盐　在夏季休闲期种植生长快、吸肥力强的苏丹草,可从土壤中吸收掉大量氮素。生产的秸秆可用于喂牛、羊、养鱼等。

6. 土壤更新　室内土壤积盐太多时,可采用换土、无土栽培等措施。

(二)土壤生物条件的调控

1. 实行轮作　由有害生物积累引起的连作障碍,可采用轮作的方法解决。

2. 嫁接栽培　有些作物,如黄瓜、西瓜等,可采用与抗病砧木嫁接的方法克服土传病害。

3. 土壤消毒　土壤消毒常用的方法有太阳能消毒、福尔马林消毒、蒸汽消毒等。

(1)太阳能消毒　在夏季温室和大棚休闲时,可利用太阳能消毒。方法是:在地表撒上碎稻草(每亩700~1 000千克)和石灰氮(70千克),并使之与土壤混合,做畦,向畦内灌水,盖上旧薄膜,将

第一章 塑料大棚和日光温室环境的调控技术

温室、大棚密闭。白天土表温度可达70℃,25厘米深土层全天都在50℃左右,经15～30天,就可起到土壤消毒和除盐的作用。

(2)药剂熏蒸消毒 在其他季节,可用50～100倍福尔马林液进行棚室土壤消毒。使用时先将土壤翻松,将药液均匀喷洒在地面,翻土使耕层土壤都能蘸着药液,并用塑料布覆盖地面保持2天,然后揭开塑料布,打开门窗,使甲醛蒸汽散发出去,2天后使用。

(3)蒸汽消毒 国外常用蒸汽消毒,用锅炉发生的蒸汽,通过管道送到消毒场地,再用各种方法送到土壤中去,使0～30厘米土壤温度达到90～95℃。

4. 土壤更新 土壤生物条件严重恶化时,可采取换土的措施。

五、气体条件的调控

(一)二氧化碳的调控措施

设施内二氧化碳的主要问题是需要时常处于饥饿状态,因此调控的主要任务是增加二氧化碳。主要措施有:

1. 通风换气 在温度有保证的晴天上午,通风换气可使设施内二氧化碳浓度接近或达到大气水平,可基本满足光合作用的需要。

2. 增施有机肥 增施有机肥,利用微生物分解有机质释放二氧化碳,可补充设施内二氧化碳。施用有机肥后加强中耕,可加速有机肥分解和二氧化碳的释放。

通过化学反应等方法人工施用二氧化碳是目前生产上常用的方法,可以人为控制施用量。

3. 人工增施二氧化碳

(1)施用浓度 研究表明,在温、光、湿度等条件较为适宜的条

芦荟和食用仙人掌种植新技术

件下,人工施用二氧化碳的浓度,叶菜类蔬菜以600～1 000微升/升为宜,果菜类蔬菜以1 000～1 500微升/升为宜,生长发育前期和阴天取低限;生长发育后期和晴天取高限。有条件的,要与二氧化碳监测设备配合使用。

(2)施用时间 一般在秋、冬、春大棚和温室不大通风的季节施用。叶菜类整个生育期都可使用;果菜类一般在结果期施用,条件允许时最好苗期也用。晴天在日出后半小时至1小时开始施用,多云天可推迟约0.5小时施用。放风前0.5小时停止施用。

(3)施用方法 有二氧化碳发生器法、气瓶释放法、化学反应法等。生产中以采用浓硫酸或盐酸与碳酸氢铵反应法应用最多,也经济实用。

(4)配套措施 二氧化碳施肥是在其他环境条件适宜,而二氧化碳不足成为影响光合作用的主要因素时施用。如果其他条件跟不上,仅仅提高二氧化碳浓度是达不到增产增收效果的。因此,人工施二氧化碳时,要尽量提高设施内的光照强度,白天温度应保持在20～30 ℃的光合作用适宜温度范围内,夜间13～18 ℃;白天温度低于15 ℃不宜施用。当光照低于3 000勒时,如阴、雪天气,不要施用。此外,人工增施二氧化碳后,要加大肥水供应,保证植株对矿物质营养和水分的需要。

(二)有害气体的调控

由于氨气和亚硝酸气体的发生原因是一次性施入过多的未腐熟有机肥和碳酸氢铵、尿素等氮肥,加上土壤强酸化而产生。所以要施用充分腐熟的有机肥,适当加大底肥用量,施后深翻;追施氮肥一次用量不可过多;追肥宜深施,施后灌水或随水施肥;冬季不用碳酸氢铵做追肥;同时随时调节土壤的pH值,促进硝化作用。发生危害后适当放风、灌水。

二氧化硫和三氧化硫主要是由于炉火加温引起的。当煤中含有硫化物,而且烟道漏烟时易发生。生产上应选择含硫化物少的煤,并使其充分燃烧;同时要避免烟道漏烟。发生危害后要适当放风、排烟,并适当多灌水和降温。

乙烯和氯气主要是有毒的塑料薄膜和有毒的塑料管产生的。因此,要选用符合农用标准的塑料制品,遇到危害时应及时通风换气和适当降温及灌水或更换薄膜。

第二章
芦 荟

一、芦荟的基本知识

(一)芦荟的应用历史和现状

※芦荟是百合科芦荟属多年生常绿草本植物,原产非洲沿海、大陆干旱地区,从非洲到印度洋西岸和马达加斯加岛等热带及亚热带地区都生长着大量的芦荟,称为"芦荟宝库"。在中国,芦荟还叫象胆、油葱、象鼻草、龙角、番蜡、龙舌草等。从隋末唐初对芦荟开始有所记载,从唐朝开始,芦荟在医药中的应用已有很多记载。

芦荟性喜暖热,好阳光,不耐寒,适应于干燥环境,现品种已达到600多种,它的体形颇为奇特,全部叶子均抱住基茎而生,节间很短,活像一条肥厚的肉针在叶缘上长出犬牙般的锯齿。芦荟的种类虽然很多,但是多数为观赏芦荟,具有药用价值和食用价值的品种并不太多,仅占总数的极少部分。由于芦荟属中的一些种类

第二章 芦荟

株型奇特,叶片肥厚,具有医疗、美容、保健、观赏等多种功能,因此它是一种用途极其广泛的神奇植物。

芦荟作为药用已有悠久的历史。早在公元前4世纪,希腊马其顿王国的亚历山大国王,率领士兵征服东非的索马里德林岛时,他就采用该岛盛产的索哥德林芦荟,来治疗伤兵的伤痛和水土不服等疾病。4000多年前,在古埃及的民间草本药处方笺中,就记载着芦荟被非洲当地居民当作泻剂使用的史实。德国学者耶比鲁斯在古埃及金字塔的木乃伊棺里,发现的纸莎草故书中就记载着芦荟的药效,这是人类发现的最早的有关芦荟记载的文字(公元前1550年)。在《圣经》里,也载有用芦荟作为香料来殡葬耶酥的说法。12世纪时,德国人就用芦荟治疗妇女月经不调、眼疾等疾病。现代医药研究和临床实验已探明,芦荟有数十种药理作用。芦荟的有机活性成分主要是羟基蒽醌类衍生物,如芦荟大黄素甙、芦荟宁、芦荟苦素等20多种物质,这些物质大多具有杀菌、抑菌、分解毒素、消除炎症和促进伤口愈合等作用。芦荟有阻止诱癌因子活动的能力,因而可预防癌细胞的形成

芦荟的美容美发作用也早就被发现。埃及艳后克利奥佩屈拉,特别喜欢用芦荟美容和健美。直接用芦荟还可治疗雀斑、黄褐斑和老年斑等。目前用芦荟制成的各种化妆品在国际市场上十分走俏,如化妆水、生发香水、唇膏、润肤露等化妆品。

芦荟还有净化空气的作用。芦荟能有效地清除空气中的有害气体,如二氧化碳、二氧化硫、甲醛等,同时,当空气中有害气体含量超过一定限度,芦荟吸收不了时,其叶片上就会出现黑色或褐色的斑点,提醒人们注意空气污染。

芦荟不仅可以药用、美容保健,而且可以作为蔬菜食用,又可以作为观赏植物,是一种用途广泛的神奇植物,而且它的用法简便,易于栽培。

(二)国际芦荟产业的动态

芦荟在医药、美容、保健等方面的功能与效果,引起各国竞相开发。据不完全统计,20世纪70年代有关芦荟专利只有13件,而80年代则高达157件,其中应用在医疗方面的占36%,应用在化妆品方面的占25%,食品方面占22%。而从1986~1993年,仅在美国申请的包括芦荟为一种成分的专利达到594项,其中日本申请的这方面专利最多。

目前,从芦荟的种植、研究到芦荟制品的生产来看,美国、日本和韩国发展都比较快,但作为芦荟产业比较发达的国家还是美国。

在20世纪90年代,美国芦荟及芦荟制品的市场销售金额已达20多亿美元。从事和开展这方面业务的公司多达几百家。据不完全统计,仅十几家大的芦荟公司每年销售芦荟凝胶(2倍)浓缩液达500多吨。同时还有1 500多种芦荟产品上市。芦荟化妆品十分风行。在美国消费者"最佳化妆品有效物"评比中,它被列为仅次于维生素的有效添加物。在饮料健康食品中,芦荟饮料在超市上是与维生素饮料排放在一起的。美国芦荟产业最大的特点是从种植、加工、生产制品、经营、销售、直到开发一条龙,都由企业自己掌握,因而使得芦荟品种、产品的品质得到很好的控制,产品的营销也获得了丰厚的利润。美国芦荟的种植者、加工者、产品制造商、包销商和零售商,于1981~1982年间组织建立了美国国际芦荟科学协会,现在已经有30多个互相合作的成员,包括若干世界最大的化妆品公司,并在奥地利的首都维也纳及韩国的首都汉城设立了欧洲和亚洲分部。美国还建立了一个专门的芦荟研究基金会,这个基金会的目标是提供有关芦荟研究的资金,鼓励人们对芦荟进行科学宣传,并为世界上从事学习研究芦荟的学生提供教育经费。在美国有一大批从事芦荟研究的科研单位和专家,如卡林顿实验室、德克萨斯大学、滨夕法尼亚大学、新泽西大学等,它们都大量开展芦荟的研究工作。

日本的芦荟产业仅次于美国,在20世纪初,就有很多科学家致力于研究芦荟对人体的功能。目前种植的芦荟品种主要是木剑芦荟,南部芦荟种植面积约100公顷,有几十家专营芦荟产品的公司,销售额达数十亿美元。日本已成立了跨行业的芦荟协会,针对老龄化社会很多老年人付不起越来越贵的医疗费的问题,芦荟被荣称为"无声医生",家庭种芦荟已非常普及。

韩国于1976年开始种植芦荟,现在已有近30家大小不同的芦荟种植企业,总种植面积为300公顷。近年来,芦荟及其制品在韩国的发展很快,并有几十家专营芦荟产品的公司在美国建立了跨国公司。

目前,法国化妆品制品中80%内含有芦荟,日本、韩国、台湾和东南亚地区开发生产的系列芦荟产品有1 500多种。

(三)中国芦荟产业的动态

在中国,适合于种植芦荟的地方较多,主要集中在海南、云南、广东、广西、福建、台湾、四川西昌等热带及亚热带地区,现在北方利用塑料大棚和温室也可种植芦荟。在国际芦荟产业发展的影响下,中国各地芦荟种植也得到发展,并向产业化方向迈进。20世纪90年代初,福建黑牡丹公司和蒲田智舟公司就开始搞了组培育种苗及部分化妆品,开创了将芦荟作为产业来发展的第一例。接着北京轻工业学院海口公司等企业和科研单位开始从事芦荟的研究和生产。并取得了一些可喜的成绩。北京轻工学院海口公司的"芦荟浓缩汁"加工技术通过技术鉴定;上海的一些日用化工厂开始用国内的芦荟原料生产化妆品;海南金芦荟生物工程公司的芦荟保健汁已经国家医药管理局批准投产上市了;华南植物研究所申请了龙角汁(芦荟)新资源食品;海南热作两院及海南科技厅的组培中心在育苗方面取得了初步的效果,从海南组培中心运到西昌基地的组培苗成活率达90%。

芦荟和食用仙人掌种植新技术

但是,中国的芦荟研究、开发、加工技术等与国外相比还有很大差距。对药物的研究也很不够,种植加工技术积累不多,芦荟化妆品虽有不少配方和产品,但均未形成规模和名牌。芦荟制成品也很少。据国际芦荟协会报道,1997年全球芦荟原料及其制成品销售额已达650亿美元,而我国现在只有30多个品种,销售额不足1亿人民币,并且没有一个知名品牌。

中国芦荟产业正在崛起,适合不同功能和不同消费层次的高质量芦荟产品已开始进入市场,走进我们的生活。

(四)芦荟的品种资源

芦荟的品种约有600种以上,各品种的形状和性质差别很大,有高大如树木,有小如3厘米高的小草,它们当中大都用于观赏栽培,只有小部分有食用和药用价值。

1. 观赏的芦荟品种　作为园艺方面的观赏植物共分为19群79种,大都冠以日本名称,这里介绍几种有代表性的观赏芦荟:

(1)帝王锦　叶细肉多且柔软,繁殖能力很强,花轴不长枝,长度大约为40~250厘米,花长3厘米,珊瑚红。由于种类的不同,有大型叶和小型叶之别。多年来成为栽种广泛的品种。

(2)七宝锦　以帝王锦为母本的杂交种,耐寒性比木剑芦荟强,可以全年户外栽培。

(3)绫锦　自生于南非共和国凯普州到自由州、那达鲁山岳地带,叶子扁平为其特色。叶尖如尾,长有长毛状刺,叶缘、叶背长有尖锐白色刺,有时叶面也长有这种刺。在昭和韧传到日本,现在已相当普及。

此外,有名的观赏芦荟还有椰子芦荟、茎芦荟、青妈芦荟、不死鸟、雪女、女王锦、罗仙锦、牛织女、所罗门、王碧、玉冠等,其形态和色泽美丽。

2. 食用和药用的芦荟品种

(1) 中华芦荟 又称中国芦荟、元江芦荟、斑纹芦荟、象鼻草、象鼻莲、罗纬草、罗纬花、龙角、龙蔗草、碧合草、乌七、奴会、逼大丹、火炼丹、亚哈菲等，产于我国云南省元江。须根系，茎短、直立。茎基部易发生分蘖苗。叶片簇生于茎顶部，呈螺旋状排列或对称排列两种。叶片直而肥厚，狭披针形，长30～70厘米，宽3～14厘米，厚2～5厘米，先端渐尖；浅绿色，两面有白色斑纹，其

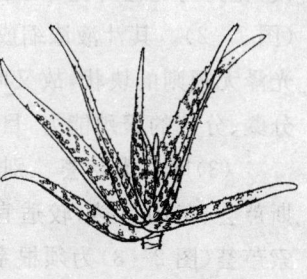

图2-1 中华芦荟

斑纹比库拉索芦荟的大且明显，叶片长大后也消失。叶缘有疏生刺状小齿。花茎单生，有分枝，总状花序，黄色或紫色带斑点，蒴果三角形。中华芦荟（图2-1）与库拉索芦荟的化学成份基本相同，外形相似，主要区别在小苗期，中华芦荟的叶尖很尖细，叶片上的白色斑点较明显，库拉索的叶尖呈钝角；1年龄后，中华芦荟的叶片较库拉索的略薄，叶色较浅，叶型略似长等边三角形。

(2) 好望角芦荟 别名开普芦荟、多产芦荟、恐怖芦荟、青鄂芦荟，原产于南非。茎长而直立，高可达3～6米，一般高1.5米左右，茎杆木质化，叶片30～50片，簇生于茎顶，叶片披针形，长达60～80厘米，宽12～18厘米，叶的正、背两面及叶缘均有刺，叶深绿色至蓝绿色，被白粉。圆锥花序，花被管状，基部连合，上部分离成6个瓣，微向外卷，淡红色至黄绿色，带绿色条纹。雄蕊6

图2-2 好望角芦荟

枚,花药与花柱外露,蒴果。为观叶、观姿、药用的高生肉质草本(图2-2)。其汁液浓缩成薄片时呈现半透明,琥珀黄色或褐色有光泽无规则的块状,故又叫"透明芦荟",这种芦荟缺乏产生分株、分蘖、分芽的繁殖能力,目前主要靠组培繁育。

(3)库拉索芦荟 别名羊角掌、巴正多斯芦荟、美国芦荟,较适宜作蔬菜用。库拉索芦荟(图2-3)为须根系,茎短,叶簇生于茎顶。叶片呈螺旋状由下而上排列,叶肉肥厚多汁,披针形,长30~70厘米,宽4~15厘米,厚2~5厘米。叶片的基部宽阔先端渐尖,叶色粉绿,两面有白色长椭圆形斑纹

图2-3 库拉索芦荟

但随叶片生长变大白色斑纹逐渐消失,到4年左右成熟时几乎看不到斑点,其叶缘有疏生刺状小齿。花茎单生,有2~3条分枝,高约60~120厘米,总状花序疏散。花黄色或有赤色斑点,花被管状,6裂,裂片稍外弯。蒴果三角形。茎背开裂。

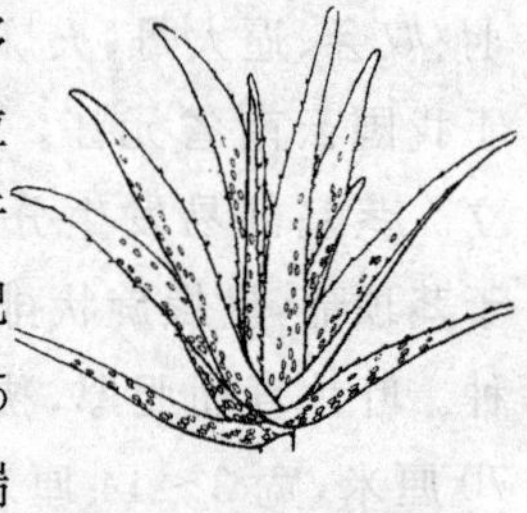

(4)木立芦荟 又称树芦荟、单杆芦荟、日本芦荟、木剑式芦荟、龙角芦荟,原产南非,主要分布在非洲。日本大量种植此品种,民间大量使用。在原产地非洲,木立芦荟(图2-4)株高达6米以上,但在日本最高仅2米左右,茎像树杆。其叶色呈灰绿色,叶片较细长,叶肉厚,叶缘具锯齿状刺,在冬

图2-4 木立芦荟

季干燥时长出的叶其叶背上也有疏生小刺。花呈橙红色,小花群集生于花梗的尖端处,形如一朵大花。蒴果。木立芦荟的叶汁味苦,繁殖力强。

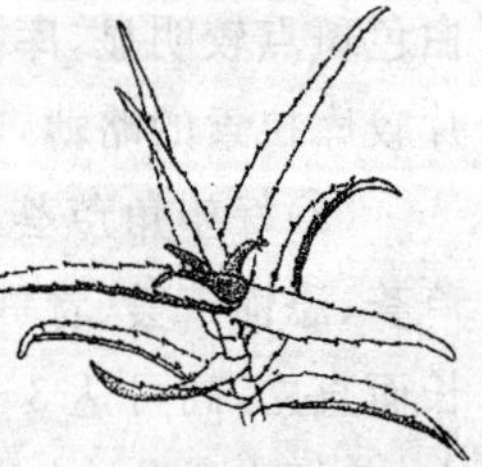

(5)皂质芦荟 别名斑纹芦荟、花叶芦荟(图2-5),主要分布

于南非的整个凯普州、德兰士瓦州的东北部,以及美国的夏威夷、佛罗里达州。花叶芦荟的特点是茎秆很短,叶簇生于茎基部,螺旋状排列,叶片呈半直立或平行状,长到50厘米左右时稍为向下弯,叶片肥厚,凝胶质多,叶狭披针扁平状,上有明显而美丽的白色斑点花纹。一般

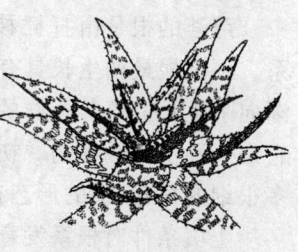

图2-5 皂质芦荟

叶长20~70厘米,宽3~10厘米,厚0.2~2厘米;叶端渐尖,叶缘有刺状小齿,于茎秆中心长出长的花茎。花茎单生或有分枝,高50~100厘米;总状花序、疏散、花被筒状,橘红色。蒴果呈三角形。花叶芦荟的汁液呈强碱性,对黑斑病具较强的抗病力。

(6)珍珠芦荟 又称绫锦须芦荟、德国菠萝。无地上茎。叶片簇生,40~50片,叶片披针形,叶尖有长须,叶淡绿色,叶片上有白色斑纹。总状花序。花筒状,上部分裂,果为蒴果。

(7)千代田锦 又称翠花掌。叶三出,轮状,叶中助下凹,叶片深绿色,上有白色横纹。花序总状,花红色。

(五)芦荟的生物学特性

1.形态特征和功能 芦荟的整个植株有根、茎、叶、花、果实等器官,下面主要介绍芦荟的重要营养器官根、茎、叶的形态特征和功能。

(1)芦荟的根 根的主要作用是固定芦荟植株,从土壤中吸收水分和溶解在水中的各种矿物质和营养元素,供芦荟生长发育过程中利用。现有研究资料表明,芦荟的根也有合成作用,至少有十余种氨基酸是在芦荟根部合成的。另外,还发现芦荟植株所含的植物碱和有机氮也是在根部合成的。创造一个适宜芦荟根系生长和发育的土壤环境,是芦荟栽培措施中的关键性技术。根深叶茂,根和地上部分生长是密切相关的。

芦荟的根是由扦插枝下端产生的不定根发展而来形成的根系。不定根最初生长具有横向生长的特性,然后渐渐产生分枝,逐渐向下生长。芦荟根群的水平发展比垂直方向发展来得快,因此它是一种浅根性植物。初生的细根为白色,从根的先端可见到许多很细的根毛,根的形态在芦荟属中的不同种和品种间存在差异。

土壤条件对根系发育影响特别重要,土壤是根系着生的基础,土壤的含水量和透气性直接影响根系生长。在水分含量过多的积水情况下,由于土壤的透气性不足,产生一些还原性有毒物质,使根系受害,甚至死亡,造成所谓的"烂根"现象。

在干燥的土壤中根系分枝多,根毛也多生长。芦荟的根系生长速度缓慢,须根短,严重缺水时,则可以完全抑制根系的生长。

土壤透气性好坏对芦荟根系影响十分明显。芦荟在透气性好的土壤中发根快,根系粗壮,根毛为白色;反之,在黏重透气性差的土壤中,芦荟根系呈不同程度灰褐色,根系吸收功能也较差,这类土壤则需加以适当改良,才能种好芦荟。

(2)芦荟的茎　茎是地上部分的骨干,在茎上着生叶、花和果实。叶着生的位置为节,两节之间称为节间,节间长短决定芦荟植株高度。芦荟因种和品种的差异,茎的长度变化较大,有的仅有10余厘米,有的可达到20余米。

芦荟的茎外形为圆柱形,目前栽培利用的芦荟多数是草本的茎,节间缩短,为叶鞘所包围。茎是物质输导的主要通道,由根部吸收的水分和矿物质营养以及合成的有机物通过茎被送到地上的各部分,叶片制造的养料也通过茎被送到根部或贮藏起来。茎也具有养分贮藏作用。茎可以产生不定根和不定芽,着生芽和叶的茎称为枝条。采用芦荟的枝条进行无性繁殖是芦荟最主要的繁殖方法。

芽是未发育的枝条的原始体,芽的中央为茎尖。在茎尖上部,节与节之间距离极近,界限也不明显,围绕有许多非常微小的突出物,这就是叶原基和腋芽原基,在茎尖下部节与节间开始分化,叶原基发育为幼叶,幼叶将茎尖包围起来。

茎顶端着生的芽为顶芽,茎上各节着生的芽为侧芽。顶芽和侧芽存在着一定的生长相关性,当顶芽活跃生长时,侧芽的生长受到一定的抑制。如果因某种原因使顶芽生长受到抑制,侧芽就会迅速生长,这种现象称为顶端优势。但是芦荟的不同种和品种的顶端优势强弱差别甚大,如中国芦荟顶端优势较弱,所以侧芽发育比较强盛、繁殖快。而翠叶芦荟(库拉索芦荟)中某些株系,顶端优势较强,在盆栽条件下基本不分枝,但当把顶芽摘除以后,侧芽则迅速发育。因此,摘除顶芽是芦荟加速繁殖过程中一项非常有效的措施。

芦荟吸芽则是从根际处发出,节间短缩的、肥厚莲座状的短枝,吸芽下端会自然发出新根,可把由吸芽形成的幼苗从母株上分离下来,另行栽培繁殖。

芦荟的茎由叶鞘部分或全部包围,这对支持芦荟直立和向上生长都有一定作用。

(3)芦荟的叶 叶是芦荟进行光合作用的最重要器官。芦荟叶片肥厚,含叶绿素,是进行光合作用和贮藏光合产物的场所。在有光的条件下,芦荟叶片在有关酶的参与下把水和二氧化碳合成有机物(主要是葡萄糖),并可进一步合成蒽醌类化合物、蛋白质、维生素等芦荟中所含的各种化学物质。

芦荟叶的组成包括叶片和叶鞘两部分。叶片是叶的绿色肉质扁平部分,呈狭带形,叶缘呈锯齿状,叶鞘抱茎,具有输导、支持和保护作用;叶片的横切面呈半月形,表皮高度角质化,并有蜡质,可以减少水分蒸发。叶表皮内为多层细胞的栅栏组织,栅栏组织细胞排列整齐呈长柱形,其长轴与表皮垂直。栅栏组织细胞含有大量叶绿体,是芦荟主要的同化组织。栅栏组织的里面是海绵组织,它是由不规则的大型薄壁细胞组成的,含有丰富的以多聚糖为主

芦荟和食用仙人掌种植新技术

要成分的粘液物质。芦荟叶背和叶面差别不甚明显,一般叶面呈平面,而叶背则呈弧形。

芦荟的叶片有轮生和对生两种类型,与品种特性有关。有些品种苗期是对生两列叶片,但随着植株长大逐渐向轮生过渡。

2. 生长发育特性　芦荟的生长发育过程大致分为以下几个阶段:

(1)幼芽萌发期　种植一年以上的芦荟,当气温达到12℃以上,从根基部萌发出多个幼芽及在延伸出的根部上萌发幼苗,经7~10天后,幼芽会分生出小叶片,并长出小根,形成不离母体的小苗,此时要注意培土,可促进小苗生长。

(2)幼苗生长期　幼苗每隔8~12天就会分生出一片小叶,长成具有4~5片叶的小苗,约需45~60天,同时长出3~5条小根,此阶段温度多在15~20℃,并要求保持土壤湿润,利于小苗生长。

(3)生长旺盛期　小苗定植在大田后,随着气温的回升,生长逐渐加快,当气温在22~28℃时,生长更旺盛,叶片长度可达50~70厘米,宽度6~10厘米,厚度2~3厘米,每片鲜叶重多在250克以上,叶片数在20片以上,根系发达,入土较深,抗旱能力强,此阶段应加强水肥管理,才能达到高产稳产优质的目的。

(4)开花结实期　在冬季或早春,气温在12℃左右,叶片基本停止生长,从叶丛中抽出花茎开花。由于芦荟花粉开放期与雌蕊感受期不一致,坐果率低,产生的种子很少,因此大田生产很少采用有性繁殖,多用无性繁殖。

3. 对生活条件的要求　芦荟赖以生存的主要环境因子有温度、光照、水分、土壤和空气等,芦荟只有栽培在适宜的生态环境下,尽量满足芦荟生长发育需要,才能获得优质、高产,取得较高的经济效益。深入了解芦荟栽培生物学特性,是制定、调节和控制各项芦荟栽培技术措施的基础。

(1)对温度条件的要求　芦荟起源于热带地区,是一种喜高温植物,喜温畏寒。一般生长的最低点温度在10~12 ℃之间,温度低于10 ℃生长基本停止。温度在0~5 ℃之间,虽然没有冻害发生,但低温冷害对芦荟植株损害十分明显,特别是持续数天的低温冷害,可使芦荟地上部分叶片生长衰弱,容易感染各种病害,发生软腐现象,根部发生腐烂,造成芦荟植株大面积死亡。当温度低于0 ℃以下,芦荟的细胞内部就可能发生结冰现象,彻底破坏芦荟的原生质和细胞结构,造成损伤。发生冻害以后,受害部位就会萎蔫死亡。

在芦荟栽培过程中,我国温带和高寒地区,冬季增温保暖,预防冻害和冷害是芦荟设施栽培中一项关键性技术措施。通过技术和设施配套,如日光温室、人工加温等,目前在我国长江流域甚至东北三省都已经大规模地种植芦荟。另外,在闽南和广东省德庆地区芦荟露地栽培的边缘地带,偶然也有低温冷害发生,一般年份只要采用浮面覆盖就可安全越冬,但在特殊的低温年份和遇到强烈寒潮侵袭时也要加强抗寒保温措施,否则也会造成芦荟生产大面积的严重损失。

芦荟生长的最适温度为25~30 ℃,此时是芦荟进行光合作用的最佳温度。较低的夜温有利于光合产物的积累,一般认为芦荟生长期间夜间的最适温在14~17 ℃范围之内。

芦荟对高温具有较强的抵抗能力,在我国云南元江高温干热河谷地区,42 ℃的高温时有发生,但芦荟在那里依然生长良好。在生长期间,芦荟受热害的温度约为50~55 ℃。实践证明,芦荟较其它植物对于高温干旱具有更强的忍耐力和适应性。

(2)对光照条件的要求 光照是芦荟生长发育过程必不可少的环境条件,是制造有机物和各种有效成分的能量源泉。光照对芦荟的影响主要表现在光照强度、光照长度和光的组成三个方面。

①光照强度。自然光照强度和地理位置、云量和降水状况有直接关系,其变化是有一定规律的,光照强度随纬度增加而光强减

弱,随海拔升高而增强。夏季光照强,冬季光照弱,中午光照强,早晚光照弱。光照强度直接影响芦荟的光合作用和形态特征,光照强,芦荟植株生长茁壮,叶片肥厚,叶色墨绿;光照不足则表现为植株细弱,叶片较薄,叶肉不饱满,叶色浅淡。芦荟是中性植物,一般喜欢阳光充足,但在微荫条件下生长也能适应。特别是在夏季,中午最强光照可达6～7万勒克斯,超过了芦荟的光饱和点,适当地利用遮荫设施,使光照强度降至自然光的50%左右,则更有利芦荟的生长。刚定植的幼苗在过强的光照条件下,叶片会转为红褐色,在生产上采用适当遮荫,可以缩短缓苗期,促进芦荟幼苗的生长。

②日照长度。日照长度与芦荟开花有密切关系。在赤道附近地区,昼夜几乎相等,大约各为12小时,所以起源于热带、亚热带和赤道附近地区的芦荟,像我国云南的中国芦荟(北纬23°附近),是一种短日照的芦荟品种类型,当秋季来临(10～11月份),日照缩短就能开出粉红色的花朵。而翠叶芦荟,原产于南非地区,偏离赤道约在南纬32°附近,夏季日照渐长,所以为长日照的品种类型,一般在3～4月份开花。开花期的差异,其实反映了芦荟对光照时间长度的敏感性,也可以作为划分不同芦荟品种类型的重要生态学依据。

③光的组成。不同波长的光线对芦荟作用不尽相同,已有研究表明,红光和橙光有利于碳水化合物的合成,蓝光有利于蛋白质合成,短波光、蓝紫光和紫外线能抑制茎的生长,紫外光则有利于维生素C的合成。芦荟在进行同化作用过程中吸收最多的是红光、橙光,其次是黄光,而蓝紫光的作用效率较低。由于在直射光中红黄光仅占50%～60%,所以散射光下生长的速度快,但直射光中紫外线可以有效地抑制芦荟的徒长,而在散射光下生长的芦荟会产生叶片细长的变态类型。

(3)对水分条件的要求 水是芦荟的重要组成部分,也是芦荟

第二章 芦荟

进行各种生命活动的必要条件。芦荟长期生活在干旱高温的热带地区,为了适应环境,其外部形态和内部结构都发生了特有的变化,如叶片呈肉质化,叶肉中可以贮藏大量水分,表皮角质化并有蜡质层,以减少水分蒸腾和散失,因而芦荟具有惊人的抗干旱能力,如将芦荟拔起,在通风处晾干,完全不供应水分,芦荟依然可以利用体内保存的水分,进行微弱的生命活动,甚至可以维持半年以上。虽然叶片卷缩,根系干枯,但如重新把它栽到地里,恢复水分正常供应,它又可以重新发根生叶,恢复正常生长。

在不同生育时期,芦荟对水分的要求也不尽相同。在苗期,蒸腾的叶面积少,相对地说需水量要少一些,但根系比较弱小,在土壤中分布较浅,对水分供应变化十分敏感,使土壤保持湿润,则有利于幼苗生长。成株期的芦荟对水分需求量增加,但根系分布较广,吸收水分的能力也增加,同时对土壤干旱的抵抗能力也明显比幼苗期要强得多。

无论在芦荟的苗期和成株期,土壤水分过多,甚至造成积水,对芦荟的不利影响是非常明显的。土壤中存在过多水分,必然造成土壤空气的不足,轻则使芦荟的根系受到损伤,重则造成整个芦荟植株死亡。对芦荟来说,水分过多造成的危害,远远超过水分不足的影响,所以有芦荟"怕湿不怕干"的说法。

(4)对土壤和营养条件的要求

①土壤质地。砂土类土壤粒径大,土壤通气透水性强,排水性好,土壤温度易升易降,昼夜温差大,有机质含量少,肥料释放快,但持续时间短。芦荟在幼苗阶段,一般在砂性土壤中生长发育较快,但生长量大的成株期芦荟,生长过程中常会出现脱肥现象。影响芦荟后期生长发育。在砂性土壤增施有机肥料,是改良砂土的最佳措施,可以增加土壤的团粒结构,增强土壤对养分和水分保蓄和供给能力,稳定土壤温度,促进芦荟根系发育,对芦荟生长是有利的。黏性土壤间隙小,排水不良,但保水性好,保蓄营养元素能

力强,有机质分解慢,早春升温缓慢,对芦荟小苗生长发育特别不利。过于粘重的土壤一般不适宜种植芦荟。壤土的土粒大小适宜,性状介于砂土和粘土之间,保水保肥能力较好,有机质含量高,可以满足芦荟生长过程中根系对于土壤的气、肥、水、热等各项因子要求,是栽培芦荟的最理想土壤类型。

②土壤养分。从土壤中吸收的各种营养元素,是满足芦荟生长发育过程所需要的全部营养物质最重要的来源。芦荟根系除了从土壤中吸收氮、磷、钾、钙、镁、硫等大量元素和铁、硼、锰、锌、铜、钼等微量元素。不同营养元素对芦荟生长有不同的作用。

氮:促进芦荟植株营养生长,促进叶绿素的形成。施用氮素对芦荟地上部分生长的促进作用十分明显,但如果施用氮素过多,则会造成芦荟植株徒长、植株纤嫩,容易感染病害和发生倒伏。

磷:可增强芦荟植株坚韧性,使植株不易倒伏,促进根系发育和植株健壮生长,调整由于氮素过多而造成的徒长问题,增强植株对不良环境和病虫害的抵抗能力。

钾:可使芦荟生长强健,促进植株的坚韧性,有利于芦荟叶片中叶绿素的形成。特别是温室和塑料大棚中栽培,钾肥可以对因为光照不足而造成的不良影响有一定的补救效果。钾元素可以促进根系发育,进一步提高芦荟植株抗旱和抗寒能力。但过量施用钾肥也会抑制芦荟植株的生长。

钙:主要用于细胞壁的建成,增加芦荟植株的抗逆能力,有利于根系的发育。在南方地区,土壤多呈酸性,施用钙肥,可以改善土壤理化性质。钙质也可被植物直接吸收,使芦荟生长更为健壮。

镁:影响叶绿素的形成和植株对磷的吸收。虽然对镁的绝对需要量不大,但其作用是非常重要的。

硫:为蛋白质合成的一种重要元素,对多种酶的活性有影响,也与芦荟叶片的叶绿素合成有关。硫可以促进土壤微生物的活动,提高土壤养分的有效性,特别是可以增加土壤有效氮素的含量,保证满足芦荟植株吸收的需要。

铁:存在于呼吸酶中,对叶绿素形成有重要作用。缺铁时,芦荟叶绿素就不能形成,碳水化合物的合成也会受到抑制。在北方石灰质土壤或碱性土壤中,由于铁以不能吸收的状态存在土壤中,虽然土壤中存在大量铁元素,但芦荟植株生长过程中,仍会发生缺铁现象。

另外,锰元素可以影响有机合成物的积量和运输;硼元素则有改善氧的供应的功能,是植株生长发育的必要元素;锌元素存在于碳酸酐酶中,对芦荟植株呼吸有重要作用。

③土壤 pH 值。一般把土壤反应分为酸性、中性、碱性三大类型,如果土壤 pH 值低于 5.5 则为强酸性土壤,pH 值高于 7.5 为碱性土壤,都不适于芦荟生长,pH 值在 6.5～7.2 之间则为芦荟生长的最佳范围。

在弱酸和弱碱的土壤中,芦荟虽能生长,但不同程度地受到抑制。一般来说,我国北方地区土壤偏弱碱性,而南方地区多偏弱酸性。

(5)对气体条件的要求　各种气体对芦荟生长都有不同的影响,有些气体为芦荟生长过程中不可缺少的,有些气体则会对生长造成一定的损害。

①氧气。在芦荟的生长发育过程中,呼吸需要氧气。在一般情况下,芦荟地上部分出现氧气不足的情况较少见。但在土壤板结或较长时间积水以后,土壤中氧气不足,会造成芦荟根群呼吸困难,导致根系发育不良。特别是在粘土上种植芦荟,常常出现土壤中氧气不足,影响芦荟根系发育的现象,克服的方法是对土壤增施有机肥料。

②二氧化碳。二氧化碳是光合作用的主要原料,增加二氧化碳含量,可以增强芦荟的光合作用。如果将空气中二氧化碳含量

提高到 0.2%～0.4%,则可以明显提高芦荟产量,但当二氧化碳含量超过 2%～5%时,则会抑制芦荟光合作用。在保护地栽培芦荟过程中,在施用新鲜厩肥和堆肥过多情况下,二氧化碳的含量可达 10%左右。在如此高的二氧化碳含量情况下,会对芦荟有严重危害。施用过量厩肥情况下,土壤中的二氧化碳可达 1%～2%,如这种状态维持较长时间,也会严重抑制芦荟的生长。加强通风换气、保持适当高温(28～30 ℃)和及时松土,可以防止和避免这一危害发生。

③二氧化硫。二氧化硫是主要来自工厂燃料燃烧后产生的有害气体,芦荟对二氧化硫污染十分敏感,当空气中的二氧化硫达到 1×10^{-5}～2×10^{-5} 浓度时,芦荟叶片上就会有黑色斑点出现,二氧化硫浓度越大,表现症状越严重。有人把芦荟作为二氧化硫污染空气的报警和指示植物,用来监测周围环境的二氧化硫的浓度,提示人们及时采取措施,避免和消除二氧化硫对人体的危害。

其他有害气体如氟化氢、氯化氢、硫化氢、一氧化碳、氨和乙烯等,常会使芦荟生长受到损害。另外,还有一些工业烟尘,其中含铜、铅、铝和锌等矿石粉末,对芦荟生长也是十分有害的。有些有害物质还可能在芦荟植株体内进一步积累,严重影响芦荟产品的质量和利用价值。所以,芦荟栽培过程也要注意避免空气的污染,使生产出来的芦荟成为真正的绿色天然产品。

二、芦荟优质丰产栽培技术

(一)芦荟繁殖技术

芦荟以无性繁殖为主,种子繁殖要经过人工的帮助才能实现。

1. 无性繁殖 无性繁殖是目前芦荟良种繁育中最常用的方法,利用芦荟的营养器官(如根、吸芽、侧枝等)进行繁殖。芦荟的主茎下端和侧枝的下端都具有发生不定根的能力,在扦插以后,可以形成新的根系。除了顶端生长点、侧生长点以外,在根部和茎的节间都具有发生不定芽的能力,从而长出新的分枝,也可作为芦荟分生和扦插的繁殖材料,进行大规模的无性繁殖,生产芦荟种苗。繁殖出来的新的芦荟个体,是在母体的发育阶段基础上,继续生长发育,它们保持了母体的各种遗传特性。无性繁殖又分为分株繁殖、扦插繁殖和组织培养繁殖三种。

(1)分株繁殖法 分株繁殖是芦荟繁殖中最常用的方法,即将芦荟幼株从母体分离下来,另行栽植,形成独立生活的芦荟新植株。

成龄的芦荟,在根际和近地表的地上茎叶腋间会发生一些短缩的呈莲花状的短枝,植物学上称为吸芽。吸芽可以带有自生不定根,本身具有吸收土壤养分和水分的能力,所以分株繁殖比较容易成活。

分株繁殖在芦荟整个生长期中都可进行,但芦荟分株最适合的时期是4~7月或9~10月,以秋季之前分株最佳。春秋分株繁殖的芦荟新苗返青比较快,易成活,只要床土保持良好的通气透水状态,芦荟分生苗很快可以恢复生长。分株时,将母株与子株的根部分开(注意不要伤及根的其他部分),然后根据植株大小分开插植,插植后浇适量的水,新根长出1~2周后,即可浇足水,以后待土壤表面变干时,再浇适当的水。

在分株繁殖过程中,具体操作可采用两种方法:一种方法是,分株时将由芦荟茎基或根部的吸芽长成的幼苗轻轻拢起,然后小心的切下幼苗(如图2-6),注意不要碰伤它的叶子,以免影响其生长发育,这时分株的幼苗就可以移栽到苗圃或生产田中。刚移栽的芦荟幼苗,由于脱离了母株,营养供应来源发生变化,自生根尚未扎入土壤,幼株根系发育形成需要一段时间,所以会出现一个营养不足的"饥饿时期"。如受到烈日照射,苗色呈红褐色,外叶干缩,这是芦荟移栽后的"缓苗现象"。此时采用适当遮荫,可缩短缓苗时间,促进芦荟恢复生长。

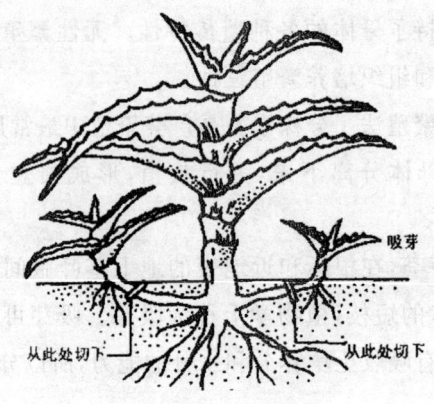

图2-6 分株示意图

另一种方法是,用分株刀具将母株萌发出的幼苗与母株基本切开,但不要完全分离,仍让幼苗留在原位,使其生长一段时间(一般半个月左右),形成独立的根系,达到完全自养状态,再将幼苗拿下来带土移栽。定植在大田中,及时浇一遍定植水。这样基本上无"缓苗期",幼苗生长快,在春夏秋季都可以随时进行,但比较费工。

移栽幼苗的土最好为沙土,这样有利于幼苗根系更好的呼吸。移栽时要做到土不粘叶,叶不粘土才行,不要种的太深,以免烂根,只要小苗能站稳就可以了。苗与苗之间的距离最好控制在 10 厘米左右。

在进行分株繁殖时,也可以先将芦荟幼苗从母株上剥离出来,然后摊在地上,在通风处干燥数日,使其剥离伤口完全愈合后再定植,这样可以促进植株发根和缓苗,缩短缓苗期,减少芦荟幼苗死株,成活率大大提高。

(2)扦插繁殖法　扦插繁殖也是芦荟繁殖中常用的方法。扦插繁殖与分株繁殖的区别是,分株繁殖是将带根的完整的芦荟幼苗植株,从母体上分离下来,进行繁殖。而扦插繁殖是利用不带根芦荟主茎和侧枝的下端可以发生不定根的特性,扦插繁殖芦荟新的植株,这对于分枝发达和茎节容易伸长的芦荟种和品种特别适宜。在去除顶芽以后,侧芽迅猛地发育,长成的很多分枝都可以用作扦插繁殖材料。

一般在 3～5 月或 9 月均可插枝,以 4～5 月份扦插为佳。9 月份气温虽然合适,但有时根长不好。如果在 9 月份插枝,从晚秋到冬季这段时间需要保温。

芦荟的扦插繁殖又有插枝繁殖和插芽繁殖两种方法

插枝繁殖法:插枝繁殖法是用带叶的枝梢扦插繁殖的一种方法。插穗采自主茎或一级分枝,以具有 4～6 片叶,高 6～10 厘米的顶芽为主要插穗来源(图 2-7)。主茎顶端也可切下 10～15 厘米作插穗。切下的顶芽切口上的水分很多,需要晾干后才可种植,一般可用细线吊起(图 2-8),避开雨淋,晾干后有时叶子会发皱,但它不会影响繁殖。一般在剪穗后需晾置 7～10 天,待切口充分干缩后再插植。插穗的大小与生根有一定关系,一般以 6～10 厘米的分枝扦插,生根时间短,成活率高,好管理。

图 2-7 切下顶芽示意图

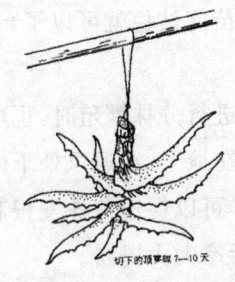

图 2-8 晾顶芽示意图

插床采用温室繁殖池、塑料大棚平畦、露地平畦、阳畦或花盆均可。繁殖土可选择细砂,或在细砂中渗入一般的土壤,如能进行土壤消毒更好(图 2-9)。

扦插前先向基质(即插床沙土)浇少量水,先用竹杆插一个小洞,然后将芦荟插穗插入,并压实。扦插时间最好是春季 4～5 月,温室内可常年进行。

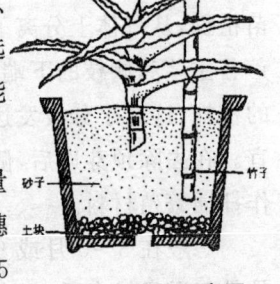

图 2-9 栽植示意图

扦插后温度在 20 ℃ 以上,一般 30 天左右即可生根。温度低于 20 ℃ 生根慢,过低则不易生根。扦插后至生根前,水分管理特别重要,插后不要立即浇水,2～3 天后,只向叶面喷少量水。插床明显缺水干旱时,适当浇水。若浇水过多,发生积水,插穗易腐烂。扦插后遇连阴雨或大雨,要在插床上覆盖防雨塑料棚,防止雨淋,但必须保持土壤的湿润,适当的浇水。插穗生根后适当浇液肥,培育壮苗。在未长出根之前,注意不要松动插枝,一般在插枝后 20～35 天开始长根,此时可施些稀肥和水(图 2-10)。插芽繁殖法:在良好的天气里,剪下 5～10 厘米的小芽,把小芽晾在阴凉处晾 3～7 天,直到小芽切口干燥为止,在泥土上捅个小洞,将幼苗插入,一星期后再浇水。为便于加强对扦插芦荟的早期管理,提供高质量的芦荟种苗,可单独设立一块芦荟种苗圃,当无性繁殖的芦荟种苗培育成壮苗以后,再带土移入盆内,作室内盆栽观赏或在大田进行培植。这样,可以确保一次移栽成活,提高芦荟的繁殖率。

图2-10 苗床示意图

环境因素与芦荟扦插苗的成活和生长有密切关系。

① 温度。芦荟一般适宜的扦插温度为25～28℃,如果基质温度比气温略高2～4℃,则更适宜芦荟扦插苗生根成活。在土温高于气温时,可促进根的发生和发育;气温太低(如低于18℃),可能抑制芦荟枝叶生长。芦荟插穗长期处于低温多湿的逆境条件下,容易感染各种病害。因而,在气温和土温较低的情况下,作芦荟扦插繁殖时,最好要采用增温措施,以促进芦荟扦插苗的健康生长。

② 湿度。芦荟生根一般土壤田间最大持水量在50%～60%范围内较为适宜,土壤水分过多,会造成土壤空气不足,扦插材料腐烂。为避免和减少扦插材料地上部分水分过度蒸腾,也应该设法适当提高空气湿度,一般以80%～90%的相对湿度为宜,可以加速芦荟幼株生根发苗。

③ 光照。芦荟插穗都带有叶片,可以进行光合作用和各种生理活动,并可以将合成的生长素向下输送,促进下部愈合伤口处加速生根。但强烈的光照对插穗成活是不利的,可使叶色变成褐色,因此在扦插过程中,应采用适当遮阴措施,避免强光照射。

④ 氧气。要求扦插基质具有良好的透气性,保证芦荟插穗在生根过程中对氧气的要求。理想的土壤扦插条件应该是既能保持

经常湿润,又可做到通气性良好。所以,采用沙土、泥炭土和疏松菜园土作为扦插基质对芦荟更为适宜。此外,芦荟扦插也不宜太深,愈深则氧气愈少,直接影响根系的生长和发育。而扦插稍浅的插穗,因氧气供应比较充分,所以根的生成发育速度都比较快。

⑤pH 值。一般在 pH6.5～7.2 之间的基质中进行芦荟插穗扦插容易生根成苗,当 pH 值偏酸或偏碱时都不利于芦荟插穗生根,对于偏酸土壤,在育苗前可施用石灰加以改良后,再进行育苗。

在正常情况下,芦荟分生能力比较强,采用分株法和插枝法繁殖倍数可达到 10～20 倍,且分生苗长势旺盛,生长速度快。

(3)组织培养繁殖法 ※就是采用植物组织培养技术,将芦荟植株的一小部分(外植体)接种在人工合成的培养基上,在特定条件下定时、定质、定量地生产种苗。芦荟组培繁殖率很高,在最佳培养基和培养条件下,一年内可由一株繁殖至 10 000～12 000 株。但组培苗前期生长慢,故组织培养法只在特殊情况下(如新品种推广初期,种苗需求量大)时采用。

①繁殖材料及处理。※选取品种纯正,生长健壮、种植 1～2 年的大芦荟苗为外植体。从田间或盆中取出整枝芦荟,用自来水洗净外表泥土。将晾晒后的芦荟冲洗干净,把它们白色短茎的表皮一层层剥掉,接着切取根和叶,只保留这个短茎,切成 2～3 厘米长的茎段、顶芽,将其先放在 75% 的酒精里浸泡消毒,然后在无菌条件下用 0.1% 升汞灭菌 10 分钟,最后还要用无菌水清洗 4～5 次,便可插植于诱芽培养基上。

②※培养基和培养条件。培养基是外植体生长发育的能源和营养基地,用于繁苗的培养基分为诱芽、诱根两类。诱芽培养基用于诱导芦荟不定芽的发生和增殖,诱根培养基则是用于诱导芦荟不定芽发生不定根。以 MS 为基本培养基,附加蔗糖 3%,琼脂

0.5%,以及不同种类和浓度的激素,调节 PH 至 5.8,培养温度 28 ℃,光强 2 000 勒克斯,每天光照 10~12 小时,将材料小块接种在初代培养基上,15 天后顶芽开始生长,为减少褐色分泌物的影响,20 天后将植株移到同样的新鲜培养基上,此后 5~7 天叶芽即可开始萌动生长,15 天后即可生根,30 天后组培苗高 7~10 厘米,叶 3~5 片,叶色浓绿,有长 2~5 厘米粗壮白根 4~6 条,炼苗一周后可移栽。

③组织培养操作步骤:芦荟组培苗培育的整个过程,首先是外植体的培养,此后是不定芽的发生和增殖、不定根的发生、假植组培苗、大田种植。从外植体培养到不定根的发生需在无菌条件下进行操作。假植组培苗需在专门设置的苗圃内进行。不定芽的发生与增殖:插植在诱芽培养基上的外植体首先变绿膨大,同时顶芽、腋芽开始萌动生长,继代培养 2~3 个周期后(25~30 天为一培养周期),茎段节痕上和茎段切面边缘也同时发生多个不定芽.将不定芽切割转移至新鲜诱芽培养基上,培养一周期可增殖 2~4 倍,经过不断培养可繁殖出大量的芦荟不定芽。诱导不定根的发生:不定芽长至 2~3 厘米,可切下逐个转移插植于诱导不定根发生的培养基上,10 天左右开始发生不定根,1 个月左右可长成具 3~4 片叶和多条不定根的小苗。炼苗及组培苗移栽:为提高移栽成活率和移栽后的快速生长,移栽前,将已形成完整植株的芦荟培养瓶苗放置于散射光充分的条件下培育一个星期方可移栽。芦荟组培苗移栽前先准备好苗圃地,搭建好移栽苗棚。育苗棚一般宽度为 7~8 米,高 3 米,长度可根据场地和需要确定。棚架外先盖一层白色塑料薄膜,再覆盖遮光率为 60%~75% 的遮阳黑网。移栽地和栽培基质用福尔马林的 50 倍液淋湿,再覆盖消毒 1 周后启用。移植苗的栽培基质以河沙或疏松肥沃的沙质壤土为好,切忌

土质粘重渍水。

※移栽前三天打开瓶盖,让组培苗逐渐适应外界气候,移栽时小心把苗从培养瓶中取出,洗净基部培养基,并按种苗的高矮、强弱分组,用1000~2000倍的高锰酸钾溶液浸泡幼苗全株1~2分钟,以防治病害。幼苗消毒后稍加晾干即可移植。移植有2种形式,一种是将小苗直接种到苗圃的砂床中,栽培基质按塘泥、腐质土、河沙、叶糠2∶1∶1∶1的比例混合配制,移栽深度以深不埋心浅不漏根为原则,保持空气湿度在70%~80%以上。移栽深度以植株稳立于沙中为宜,切忌种得过深,以免引起烂苗。另一种是将小苗移栽到营养袋中,营养袋宜用塑料薄膜制成,规格为10×12厘米,下有出水孔,底层装富含有机质的栽培土,上层覆盖河沙,小苗植于沙中。

小苗移栽后应浇定根水,但第一次浇水不宜过湿,否则容易烂苗。如在移栽前淋湿基质,移植后不再浇定根水。成活后高温季节每隔15~20天喷1次农药防治病虫,连续3次;其它时间每月喷1次即可;发现病株要及时清理。幼苗长出新叶和新根后,可视植株生长情况适当追肥,淋施液肥或根外追肥均可,但以淡施为宜。若栽培基质较肥沃,施肥的次数和用量则减少。芦荟生长适温为25℃左右,温度过高可揭塑料薄膜通风降温,冬天覆盖塑料薄膜保温。湿度可利用淋水进行调节,整个生长期要求湿润的土壤和气候环境,小气候相对湿度为不高于80%。光照以散射光为好,用遮阳网调控。※小苗移栽成功后,待幼苗长到5~6片叶,自然株高达15~20厘米即可盆栽或者在大田栽植,栽培时要求在疏松、肥沃、排水良好的砂质土壤上种植。

2. 有性繁殖　有性繁殖即采用种子播种繁殖。芦荟植株长到3~4年即可开花结籽,但芦荟种子很小,表面长满茸毛,种子寿命短。有性繁殖应在种子收获后立即播种,但应避免在早春、晚秋和炎热的夏季播种,播种期以温度15～20℃的季节最佳。

播种床可选用砂壤土或用细砂土,播种前进行土壤消毒。播种时,将砂土放在容器内铺平,将种子均匀地撒在砂土上,再撒上一层砂土,然后在上面覆盖报纸,再将播种后的容器放入一个盛有水的浅盆中。使水淹没苗盆的1/2～1/3即可,并随时保持浅盆中的水位,使种子从中吸取水分(图2-11)。

播种后6～10天,种子开始发芽,在刚发芽时,不要急于揭去遮盖的报纸。使土壤保持一定的湿度,这时可在报纸上扎些小孔,使其透气,再经4～6天,幼苗出得差不多了,即可将报纸撤去。幼苗出土后30天左右,可将幼苗移到苗床上,幼苗移到苗床上后,忌雨淋,每10～15天施一次水肥,每天给予半天以上的遮阴状态。

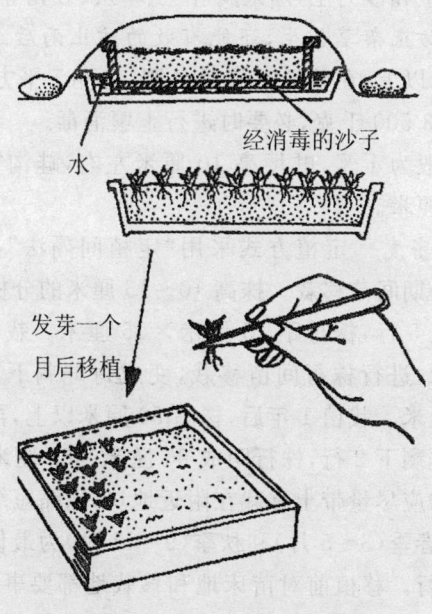

图2-11 芦荟种子繁殖示意图

(二)芦荟露地栽培技术

1. 品种选择 长江以北地区,由于受气候条件的限制,采取露地和保护地结合的措施进行芦荟生产,因此品种的选择显得尤为重要。一般以库拉索芦荟(翠叶芦荟)、中华芦荟和上农大叶芦荟较多,上农大叶芦荟的品质好,产量高,可作为当前北方地区栽培的首选品种。长江以南地区,芦荟栽培品种的选择范围较广,主要依据生产目的选择,目前,商品化应用最广的有库拉索芦荟,上农大叶芦荟。

2. 整地做畦施基肥 芦荟天性喜阳,耐旱,而耐湿能力弱,畏寒,个大体重,头重脚轻,风刮易倒。故栽培应选择在向阳、背风,地势干燥,利于排水,同时又交通便利的场所栽培。除粘土、板结地不适于芦荟健康生长外,对任何土壤都能适应。理想的种植土壤是以沼泽土和沙为主,加入腐叶土、草灰、谷壳等的混合土壤。※谷壳不仅能防止杂草丛生,还能有效的防止雨后土壤板结。土壤深耕35厘米以上,在整地时施足基肥,每667平方米施有机肥或优质土杂肥3 500千克,必要时进行土壤消毒。

畦面宽一般为1米,畦埂高10厘米左右,畦沟宽40~45厘米,深20~25厘米。

3. 定植和密度 定植方式采用"定植间隔法",即一次性定植,大部分苗分期间苗移栽。株高10~15厘米的分株苗或扦插生根苗,每畦栽植5行,株行距15厘米×15厘米。栽植半年后,株高20~30厘米,进行株行间苗移栽,变成每畦剩下3行,株行距30厘米×30厘米。栽植1年后,株高50厘米以上,再次进行间苗移栽,最后每畦剩下2行,株行距成60厘米×60厘米。在间苗移栽过程中,植株应尽量带土移栽在附近地块,以缩短缓苗时间。定植时期以每年春季(3~5月)和秋季(9~11月)为最佳时期。移栽应选在阴天进行。移植前对苗床地和移栽地都要事先灌水,灌水后要等表土略干再起苗和定植。定植时要注意把根部弄干净,尽

第二章 芦荟

量不伤及根部,根部过长部分要剪掉,之后放入苗坑,再轻轻放土,待土放毕后用手轻压表土,尔后浇水,一次浇透。※切忌不要种的太深,以免影响芦荟的生长。定植后要注意扶苗,松土,保墒,未浇透水的地面要适当补浇,但忌积水。定植后一个月内无需再浇水。

芦荟需要充分的阳光,但在高温期让烈日直射,也会停止生长。初植的芦荟还不宜晒太阳,最好是只在早上见见阳光,10~15天后它才会慢慢适应在阳光下苗壮生长。

4. 田间管理

(1)中耕除草 ※蔓延的杂草不仅和芦荟争夺土壤中的水分和养分,也和芦荟争夺空间和阳光,因此必须勤锄草,给芦荟创造一个良好的生活环境。中耕深度要随着芦荟植株的生长逐渐加深,远离苗株的行间应深耕,不浅于6厘米,植株附近则应浅耕。草荒严重时,每667平方米喷施150~200克拿捕净,能有效地消灭禾本科杂草,余下的阔叶杂草则人工铲除。

(2)施肥 ※适当施肥是芦荟旺盛生长的一个因素,芦荟对肥料需求量不是很大,若施肥过多有腐烂其根、致其死地的危险。如果土壤中含有肥料,平时就不需施肥;如果是生地,则可在栽植芦荟的半月前,在准备好的土里掺入鸡粪和油粕,按1平方米500克比例将其混在土里,使其腐熟;9~10月份追肥,※只需要在芦荟边挖一个20厘米左右的坑,倒入有机肥,再盖好土就可以了;较大的芦荟,则应2个月追肥一次;如果想让其开花,则应每隔10天左右为其加些油渣、鸡粪、米糠之类的磷酸肥料;冬天(11~3月)是芦荟停止生长的时期,这个期间应停止施肥。追肥以腐熟有机肥(饼液肥、人粪尿等)为主,辅以部分无机肥。施肥可采用沟施、穴施和浇施,颗粒无机肥沟施和穴施后要通过中耕将其翻入表土内,然后立即灌水。春、秋二季是芦荟生长的旺季,施肥量要多而勤,夏、冬季施肥量小,次数要少。有机液肥施用时稀释10倍左右,无机肥及微量元素施用时可配成0.1%的水溶液喷施。

(3) 灌水和排水　芦荟叶子有贮水功能,有很强的耐旱能力。如长时间不下雨,土壤表面干裂,应根据情况适时浇水;春天移植芦荟时,不宜给太多的水,可每隔 5 天浇一次水,如连续阴雨则需延长浇水天数;春季和秋季的夜间温度较低,为防止残留在土中的水分冻伤芦荟,浇水应在晴天的上午进行;炎热的夏天,含在土中的水分被加热,地温上升太高会伤及芦荟根部,故不宜早上浇水,而应在日落之后进行,且夏季浇水要特别注意,千万不能过量,一般 5~10 天浇 1 次即可;冬天,气候寒冷,芦荟进入休眠状态,应停止浇水。

总之,芦荟种植最重要的是水不可太多,否则会使有益成分、药效成分变淡,严重的会使根部腐烂,直到死亡,所以做好排水工作也至关重要。

(4) 防霜冻　芦荟怕寒冷,需要生长在终年无霜的条件下。在 5 ℃左右停止生长,0 ℃时生命过程发生障碍,低于 0 ℃就会冻伤,生长最适宜的温度为 15~35 ℃,湿度为 45%~85%。在我国,广东、广西、福建南部以南地区,不存在越冬防冻问题;而长江流域以北,则需建大棚越冬;黄河流域以北,则需建温室越冬;而庭院、阳台、室内盆栽芦荟,则可"日光越冬"、"干燥越冬",即在进入 11 月份以后,注意将花盆移至室内阳光充足,晚上又较保暖的地方,或进入 11 月份后控制芦荟水分供应,待泥土完全干燥后,将芦荟拔出花盆去土,用纸包好,置室内干燥、通风、保暖的地方,待到 4 月份,将其再移至新的土壤中,它很快又会复苏并茁壮生长。具体的做法是,从秋季开始要逐渐减少浇水,增施有机肥;培土保温,把芦荟叶绑成 1 束或多束,防寒防冻。当最低气温达不到 5 ℃以上时,就应及时采取增温、保温措施,有条件的最好搭建塑料大棚或温室。如遇特别寒冷的冬季,还可以采用"急救干燥越冬法",即从芦荟的根部切断或连根拔出,用草绳轻绑成束,倒挂于温度在 5 ℃以上、空气流通的室内。越冬以后,春季重新栽植到地里,生长不会受影响。

(5)采收 种植1年左右的芦荟就可以少量采摘了,2年以上的叶子药用价值更高,可大量采收。春夏秋季分批收割,一般每2个月采收1次,每次每株可采收2～3片。采叶时要从植株下部开始,选底部发育好的叶片,将成熟的叶片顺势剥下,叶片割口不能离茎太远或伤口过大,最好割开1条口后用手撕下,以减少粘液流出。不要伤害植株,并尽量保持叶体完整。如将叶体破损、汁液流出,对其营养是损失。另外采收的破损叶片不易保存,还会影响其他叶片存放。采收下的鲜叶排放入木箱或竹筐中,便于运输。

(三)芦荟保护地栽培技术

1. 大棚栽培技术

(1)大棚栽培芦荟的特点 ※塑料大棚栽培,芦荟就能够安全越冬,并保证一年四季能够采收到新鲜的芦荟叶,塑料大棚摆脱了自然条件的限制,管理也及时,芦荟的产量也很稳定,棚栽芦荟还有品质好,供应及时等特点,一般每667平方米可年产10吨鲜叶,以每千克2元计算,每亩产值可达2万元,远远高于普通蔬菜的产值。塑料大棚栽培芦荟,它的质量非常上乘,并且也减少了病虫害的发生。

(2)品种选择 目前,国内外开发利用较多的芦荟品种主要有4种,即库拉索芦荟(翠叶芦荟)、中华芦荟(也称斑纹芦荟)、木立芦荟(也称木剑芦荟)和上农大叶芦荟。根据试验结果,上述4种芦荟均适合在北方大棚保护地栽培,其中,单株年生长量以上农大叶芦荟和库拉索芦荟最大,中华芦荟和木立芦荟次之;单株分蘖能力以中华芦荟为最强,其次为上农大叶芦荟、木立芦荟和库拉索芦荟;耐寒性则以木立芦荟最强,短时间0℃对木立芦荟没有伤害。引种时,一定要认清品种,并根据当地的气候,市场情况,确定种植品种。

(3)整地施肥与做畦 整地前20天清理前茬,可用德国巴斯夫新型农药"必速灭"消灭土壤病菌、线虫、害虫及杂草。在整地时施足有机肥和土杂肥作基肥,常用鸡粪、猪粪、牛粪、羊粪、人粪、饼肥。有机肥和土杂肥必须经过发酵腐熟后才能使用,可根据土质、土壤肥力状况,一般每亩施基肥20立方米左右。耕地深度30厘米左右,可用机耕操作或铁锹翻耕,要在定植前将耕地整平。如果土壤过干,土块不易破碎,应先灌水,待土壤含水量达60%左右时,先耙2~3遍,再整平。土层过湿耙地容易造成土表板结,对栽种极为不利。

芦荟种植以高畦为主,畦面宽1米,畦沟宽35~40厘米,深20厘米。在降雨量较大的地区,栽培区域四周开挖排水沟,防止地面积水。畦埂高度可为10厘米左右。

(4)定植

※①定植时期:春季当棚内断霜以后,气温稳定在15℃以上时定植。秋季定植则应尽量提前,最佳的定植时间是从9月下旬到10月下旬。

②定植密度。芦荟为多年生栽培,定植过稀,前期浪费土地;若定植密度太大,后期芦荟旺盛,植株生长就会受到限制。应根据苗木的大小与计划种植的规模而定,一般苗龄在1年生以前采用株、行距15厘米×25厘米进行密植,以便节约土地并减少管护成本;第二年春季或夏初采用隔行稀疏移栽法使其变成株、行距30厘米×50厘米;第三年使其变成株、行距50厘米×60厘米,并保持此密度至最后更新(下一轮种植开始)。

③定植方法。采用"定植间隔法",即1次性定植,大部分苗分期间苗移栽。这样,可以提高土地使用率,便于操作管理,降低生产成本。定植时不要伤着叶片,也不要种的太深。第一种方法:把芦荟株高10~15厘米的分株苗或扦插生根苗或组培过渡苗,每畦栽植5行,株行距15厘米×15厘米;栽植半年后,芦荟株高20~30厘米,进行株行间苗移栽,即间隔取苗移栽,变成每畦剩下3

行,株行距成30厘米×30厘米栽植1年后,芦荟株高50厘米以上,再次进行间苗移栽,最后每畦剩下2行,株行距成60厘米×60厘米。

第二种方法:把芦荟株高10~15厘米的分株苗或扦插生根苗或组培过渡苗,每畦栽植5行,株行距20厘米×20厘米;栽植半年至一年,芦荟株高20~50厘米,进行间苗移栽,即间隔取苗移栽,变成每畦剩下3行,株行距成40厘米×40厘米。或采用"丁"字角间隔移苗,每个角线均为40厘米×40厘米。在间苗移栽过程中,要使芦荟植株尽量带土移栽在附近地块,以便缩短缓苗时间。也可在移栽苗时期,进行适当遮阳处理,可进一步缩短缓苗时间。

在定植以后,要求一次性以500~800倍多菌灵或退菌特或代森锌水溶液浇透苗床,并用遮光度为60%~70%的遮阳网遮荫,一般15~20天就可缓苗。

(5)定植后的管理

※①温湿度管理。芦荟生长的适宜温度为15~30℃,适宜湿度为75%~85%。当温度为5℃左右时就停止生长,在0℃时其生长活动会出现障碍,如果低于0℃,则会产生冻害,造成芦荟植株死亡。因此,冬季大棚要密封良好,以保持棚内较高温度,并可培土保温,减少浇水次数,同时把叶片绑成一束或多束来防霜抗寒。夏季要经常打开大棚的通风口,让棚内外空气对流降温;当温度达到30℃以上时,需撤棚,罩上防晒网,以降低阳光直射对芦荟造成的伤害。

②光照管理。芦荟属典型的阳性多年生肉质植物,在生长发育过程中,要求日照时间长,光照充足。一年中春秋季的日照时间与温度最适宜芦荟生长;高湿炎热强烈日照的夏季,应选用50%的遮阳网遮阳降温;寒冷、光照时间短、强度低的冬季,应采取保温增温措施,并补充光照时间。

※③肥水管理。土壤过湿,芦荟生长不良,易出现烂根甚至导

芦荟和食用仙人掌种植新技术

致全株死亡现象;土壤过干也会影响其生长,甚至导致生长停止。一年中,春夏季灌(浇)水次数要多,数量要大,秋季则逐渐减少。灌(浇)水方法有沟灌、畦灌、穴灌、喷灌、滴灌、壶浇等。※平时灌水不可漫灌,以免积水导致根系腐烂。为促进植株生长,要及时追肥。追肥应以腐熟程度高、速效养分含量高的有机肥为主。施肥量因季节而异,春秋生长旺季要多而勤,夏冬季施肥量要小,次数要少,尤其是冬季更应量小。若在棚里建一个肥料池,施肥就很方便,适时适量的施肥会很好地促进芦荟的生长发育。

※④中耕松土与培土。芦荟苗定植10～20天就可缓苗。缓苗后生长期的工作主要是中耕松土结合锄草,※杂草会妨碍芦荟对水分和营养的正常吸收,因此锄草是一项最基本、最经常、也是最费工的田间作业。中耕松土平均深度为3～6厘米。天气干旱和大雨后要及时中耕。芦荟生长至第3年时,由于植株较大,加之开始采收鲜叶,因此要及时进行培土护根,保持植株中后期鲜叶的产量和质量。培土能使采叶后的根部多生侧芽,减少水分蒸发,促进生根。

⑤采收:栽培的一年半芦荟,当发现植株下层叶片小于上层叶片时,可进行第1次采收,一般只进行少量采收。当芦荟种植生长到2～3年后,可较大量进行采收。在芦荟生长旺盛期,春夏秋季可分批收割,一般每2个月采收1次。每次每株可采收2～3片叶,上部至少留足8～9片嫩叶。采收应在早晨、上午进行,选底部发育好的叶片(叶龄有2～3年以上),从叶片与茎处,用刀从一边割一开口,然后用手撇下。这样,不会造成有较大的伤口和粘液流出来。采收时不要碰伤未采收的嫩叶,搬运过程不要损伤叶片,否则会影响叶片质量。采收后的叶片不可过久地挤压在一起,而要摊晾开来,或整齐地排放在木箱或竹筐中,便于运输。

2. 日光温室栽培技术

(1)温室选择　最好选择有补暖和微喷设施的温室。冬天棚膜上覆草帘保温,能保持温度在 7 ℃以上,相对湿度 40%～100%。夏季去棚膜搭遮阳网降温,温度可保持在 12～42 ℃,相对湿度小于 10%,光照强度 30 000～50 000 勒。

(2)繁殖　常用扦插繁殖法,以地热线加温的蛭石 50%＋珍珠岩 50%作扦插苗床,库拉索、元江、皂质芦荟的插穗主要为匍匐茎上的蘖芽,可先将蘖芽切下,去掉外围较小叶,置通风处阴干,伤口愈合后扦插。木立芦荟用顶芽作插穗时,其长度最少保证有 6 片老叶,否则会因插穗无节而难以生根;用侧枝繁殖时,切下即可扦插。对于 2 年生木立芦荟切去顶芽或下部老叶,能使其产生更多分枝,获取更多插穗。一定时间内,木质化程度高的插穗不易腐烂,但生根速度慢,而木质化程度低的插穗在采取防腐烂措施后则很容易生根。扦插后将苗床温度调至 28 ℃,5 天后浇透水 1 次,以后根据基质失水状况补充水分。一般经 25 天插条可生根,比不加地热设备的提前 5～6 天生根。

(3)整地做畦　栽植前每亩施腐熟的畜禽粪尿、饼肥 5～10 立方米,与化学除草、土壤消毒结合,精细整地,耕地深度 40 厘米,耙 2～3 遍后,做高畦,宽 80～100 厘米,畦沟宽 50 厘米,深 15～20 厘米,畦梗 10 厘米左右。当土壤含水量达 60%～70%,手握土壤不滴水、手掌有润湿痕迹时进行栽植。

(4)定植　芦荟可周年移栽,但华北地区 3～5 月和 9～11 月为最佳栽植时期。移栽最好在阴天进行。移栽前对畦面撒施一层松叶土或草木灰,对苗床地和移栽地先浇水,在表土略干后起苗栽植。栽植时,要挖穴,覆土不要超过最下部叶片的叶腋,更不能埋至苗心。栽后要将四周的土按实后浇水,小苗以漫灌为宜。

芦荟的栽植密度因品种和苗高不同而有所区别。株高 10 厘米、叶数为 5～6 片的元江、库拉索芦荟,行株距为 20 厘米×20 厘米;株高 20 厘米、叶数为 6～8 片的元江、库拉索芦荟,行株距为 25 厘米×25 厘米;株高 60 厘米、叶数为 12 片的元江、库拉索芦荟,行株距为50厘米×50厘米;株高10~15厘米、叶数为7片的木立芦荟,行株距为20厘米×20厘米;株高40~50厘米、叶数为15片的木立芦荟,行株距为30厘米×30厘米;株高6厘米、叶数为4~5片的木立芦荟,行株距为20厘米×20厘米。株高40~50厘米、叶数为13~17片的皂质芦荟,行株距为30厘米×30厘米。在栽植过程中,植株应尽量带土移栽在附近地块,以缩短缓苗时间。

栽植前先将伤叶、烂叶从叶基部环切去除,剪去失去活力的毛根老根,置通风阴凉处晾至伤口微干不再流汁液时栽植。栽植深度木立芦荟为地上第一茎节处,库拉索芦荟、皂质芦荟和元江芦荟为第一叶片叶鞘闭合处下缘,不可将土埋过心叶,否则会使芦荟基部叶片腐烂,生根期延长。如果地表无覆盖物且气温高、光照强度大、空气湿度小时,可适当深栽。

(5)栽植后管理

①光温调控:新植芦荟应适当遮阴,并在植株间铺一层经过曝晒的不夹杂草草籽的干草或地膜,以保持地表土壤湿润,促进根系再生,防止叶片干缩、发黄变褐,缩短缓苗期。缓苗期过后当光照强度达60 000勒以上时,可用遮阳网遮阴50%~60%,并在中午用微喷灌增湿、降温。温室内温度一般不应低于10℃,保证芦荟在冬季也能正常生产。夏季温度过高时应注意经常通风透气。芦荟在生长发育过程中,要求日照时间长,光照充足。一年中春秋季的日照时间与温度最适宜芦荟生长;高湿炎热强烈日照的夏季,应选用50%~60%的遮阳网遮阳降温。

②水分管理:芦荟为浅根系植物,土壤水分过多或亏缺都会对其生长造成不利影响。芦荟一般适宜湿度为70%~85%,一年中,春夏季灌(浇)水次数要多,数量要大,秋季则逐渐减少。温室中常用灌(浇)水方法有沟灌、喷灌、滴灌等,依据各自的条件采取不同的方法。但应注意浇水时水流、水压不宜过大,否则会使芦荟

倒伏断叶;还应注意不论用何种方法都不可让畦面有积水,灌溉后或温室内湿度过高时,要及时通风透气,以降低室内相对湿度。水质以集流的雨水最好,浇水量以地表0~10厘米土层有效水分含量保持在100~120克/千克为好。当土壤有效水分含量在80克/千克以下,且温度较高时,芦荟生长停滞,叶片变软,颜色发褐。

③中耕除草:新栽芦荟因株行距大、土壤肥力条件好,杂草极易滋生蔓延。苗期杂草应结合松土作业进行人工拔除。中耕深度要随着芦荟植株的生长逐渐加深,远离苗株的行间应深耕不浅于6厘米,植株附近则应浅耕。

④施肥:芦荟多栽植在砂质壤土,其保肥能力较差,应视芦荟的长势补充肥料。一般每亩沟施或穴施羊粪3吨,或磷酸二铵25千克。芦荟不宜叶面追肥,其原因是芦荟表皮角层厚,叶面追肥养分不易吸收,在叶表面留下污渍,同时叶面追肥还常引起植株腐烂。

⑤补施气肥:芦荟为景天酸代谢型植物,夜间同化二氧化碳,二氧化碳气肥应在傍晚施用,施用浓度为1 000~1 500毫升/立方米,可采用化学反应法施用。

(6)采收 芦荟生长1~1.5年后,植株下层叶片小于上层叶片时,表示下层叶片不再长大,可第一次采收。中华芦荟种植3年后才能完全成熟,此时可大量采收。采摘最好在早晨或上午进行,每次每株采割底部成熟叶片2~3片,上部留8~9片功能叶,以利植株生长。采收的叶片用纸箱、木箱等容器包装,注意妥善保管,忌挤压,搬运时不要造成机械损伤,及时进行加工和处理。

三、芦荟盆栽技术

芦荟的植株和叶型酷似龙舌兰,叶片挺拔,很有阳刚之气,叶缘有齿,给人以一种奇特的感觉,具有很高的观赏价值。芦荟的花期虽然短暂,但伞状花序、倒钟状小花和艳丽的花色,很招人欢喜。小型盆栽芦荟,可以放置于案头书桌之上,大型盆栽芦荟植株则可以放在客厅和庭院之中,与其他多肉类植物搭配,形成一种独特景观,趣味盎然。加之盆栽芦荟易栽好管,故适合各类家庭种植。※

芦荟是一种天然的空气监测器,养几盆芦荟摆放在居室既可供观赏,又可以增加居室的氧气含量和负离子浓度,当空气中的有害气体如甲醛、二氧化硫等散布量较大,浓度较大,人们尚未察觉,但超过芦荟吸收和清除的能力,芦荟吸收不了时,就会出现褐色或黑色的斑点,以此发生警报,此时,芦荟就像是一台灵敏的空气污染"生物报警器",及时提醒人们立即采取相应措施,避免有害气体对人体健康的危害。

盆栽芦荟还可以随时提供最新鲜的叶片,供家庭人员食用、药用或美容。芦荟是一种神奇的植物,其神奇的作用与其新鲜程度有关。只有利用最新鲜的芦荟叶片,才能收到最佳的保健效果。

1. 盆土配制

(1)盆栽芦荟对培养土的基本要求　※盆栽的培养土应具有排水、保水、透气和蓄肥等良好性能,能提供芦荟生长需要的各种营养元素,能够全面协调盆体中的水、肥、气、热等各种土壤环境要素,具体有以下要求:

第一,应具有良好的保水能力,使芦荟在生长过程中对水分要求得到充分满足。

第二,应具有较高的肥力和较好的保肥性,在芦荟生长期间能够均衡地释放各种营养元素,源源不断地供芦荟植株吸收利用。

第三,应具有一定的通气性,以利于芦荟在生长过程中根系呼吸活动的正常进行。

第四,有适宜的酸碱度。芦荟喜欢在中性的土壤环境下生长,最适合盆栽芦荟的培养土 pH 值在 6.5～7.2 之间。

另外,根据盆栽芦荟主要用于室内栽培观赏和保健应用的特点,要求盆土比较清洁卫生,不应含有病虫、病菌等有害生物,更不能有臭气怪味。同时,尽量在配制盆土时选用比较轻的材料,以便搬动花盆。在配制盆土过程中,尽可能就地取材,降低成本,这也有利于广大芦荟爱好者开展家庭盆栽芦荟活动。

(2) 配制盆土常用的材料　自然土壤质地,以壤土最为适合。为了更好满足芦荟生长对环境条件和营养物质的需要,通常在培养土中还需要掺加一些其他材料,进行适当的配制。用于配制培养土的常见天然材料有:

① 腐殖土:常用的腐殖土是通过搜集枯枝落叶经堆腐而成。从花鸟商店也可购到含有丰富有机质的腐殖土,疏松透气,营养丰富,具有很好的改良土壤作用,是掺入芦荟培养土中的一种非常理想的材料。

② 泥炭土:又称草炭土、泥煤,是古代沼泽地带的植物埋在地下,经过长年累月的作用而形成的一种分解不完全的有机物,质地轻,含氮量丰富,在花鸟商店可以购到。经粉碎后,加入培养土中,可以有效地改善培养土的理化性质。

③ 木屑土:保水性强,透气性差,呈中性。近年来,国外用发酵木屑较多,利用木屑配制的培养土,效果好,根群发达,生长旺盛,质地也较轻,适于家庭芦荟盆栽。

④ 河沙和熟煤灰:具有极强的排水性,通气性强,清洁卫生,但保水保肥力差,需要与其他基质复配使用。如果河沙和熟煤灰单独使用,往往会引起盆栽芦荟营养不良,芦荟植株衰弱,生长不好。用于配制芦荟培养土的人工材料有:

蛭石:为云母状物质,具有空隙多、质地轻、保水、无菌等特点,呈中性或偏碱性(pH 7~9),缺乏肥力。只含有少量的钾、钙、镁,不宜作为长期芦荟盆栽的基质。但将其撒在盆栽芦荟表面,可使盆土保湿,既通气又卫生。珍珠岩:它是天然铝硅化物,是岩浆岩加热到1 000℃以上所形成的膨胀材料,具有封闭多孔结构,质地

芦荟和食用仙人掌种植新技术

轻,有很强的保水透气性,不含任何肥料成分。在芦荟盆栽过程中可作盆土物理性状的改进剂,对芦荟发根十分有利。

(3)培养土的配制和消毒　采用多种基质复合配制成的培养土,可以发挥各种基质的优点,使各种不同的基质互相补充。常用的盆栽芦荟培养土配方是:腐殖质、园田壤土和河沙,比例为4:4:2,其中河沙也可用木屑或熟煤灰代替,不仅重量减轻,而且木屑含有较丰富的营养,分解较慢,对芦荟生长也十分有利。但木屑使用前一定要进行堆积,充分发酵,否则,可能会对芦荟根系的生长产生一些不利影响。而熟煤灰取材容易,质地较轻,对改善芦荟培养盆土的理化性状效果明显。

盆土消毒常用的方法有烧土消毒、蒸气消毒和药剂消毒三种方法。烧土消毒法是把配好的混合基质放在装有铁板的炉灶上加温翻炒,一般在80℃条件下,用30分钟就可以杀死基质中的有害微生物和虫卵。蒸气消毒是将配制好的基质放在容器中蒸透,一般家庭煤炉和煤气灶都可用来加热消毒。通常在80℃以上,蒸2小时可以达到彻底消毒的效果。药剂消毒法常用40%福尔马林,每立方米培养基用400～500毫升药液均匀撒于基质中,用塑料薄膜密封盖平,闷2天后再打开,晾晒3～4天,等药液挥发后再上盆。

2. 盆栽方法与管理

(1)选盆　花盆是家庭芦荟盆栽中极为重要的器具,也是最基本的器具。盆栽芦荟作为家庭陈设,正确选用不同类型的花盆,不仅可使芦荟健壮生长,而且可使芦荟与花盆相映成趣,增加居室陈设的整体美感效果。

花盆的种类繁多,造型多姿多态,质地也不尽相同。在盆栽芦荟过程中,可以根据个人的爱好和审美情趣,选用适宜的盆体来栽种芦荟。从花盆的质地来分,大致有以下4种类型:

① 泥瓦盆:用泥烧制而成,由于烧制工艺不同,有青灰和砖红

第二章 芦荟

两种颜色,通常都用青灰土盆。在实际应用中,砖红色土盆更适于芦荟栽植,它可以增强植株和盆体的颜色对比度,使芦荟的肉质叶片显得更加翠绿鲜艳。而青灰色泥瓦盆栽种芦荟,则显得比较沉闷。泥瓦盆透气性好,对芦荟生长比较适合,价格也比较便宜,虽制作比较粗糙,但显古朴粗憨;在泥瓦盆外再套上一个紫砂盆或瓷质陈设盆,则显得更为端庄雅观。

② 紫砂盆:为江苏宜兴的特产,既精美又雅观,并有适度的透气性。紫砂盆因制作泥料差别有紫红、紫酱和米黄各种颜色。造型有圆形、方形、多边形等多种,大的口径可达40厘米,深度30厘米左右,是室内陈设芦荟盆栽的理想盆体。紫砂盆盆体内外都比较细洁,但不光亮,具有典雅古朴的风韵,价格比较适中。

③ 瓷盆:用瓷泥烧制而成,造型多样,色彩丰富,盆壁外面有彩釉,明亮而有光泽,但盆壁既不通气又不透水。所以通常将用泥盆种好的芦荟套在瓷盆内陈设,这样既有利于芦荟的生长,又可以大大改善大型盆栽芦荟的陈设效果。

④ 塑料盆:塑料盆是近几年被广泛采用的盆体,具有重量轻、不易破碎、便于运输的特点,售价也不贵,便于加工成各种形状,色彩也丰富多样。一般可选白色的或红色的为好,与绿色芦荟叶片相衬。色彩反差大,比较醒目。塑料盆的不足之处是盆壁也不通气不透水,对芦荟的根系发育有一定影响。另外,塑料花盆容易老化,特别经过夏季烈日高温后,塑料花盆损坏快,使用寿命比较短。

(2)上盆 将芦荟从地里或育苗容器内移出装入花盆的过程称为上盆。上盆前应根据芦荟苗的大小选用大小合适的花盆。如果芦荟苗大盆小,则限制芦荟的生长。如果苗小盆大,则头轻脚重,也不匀称,缺乏美感。应尽量使花盆和芦荟植株大小适应,以便管理,增强盆栽芦荟在室内陈设的均衡和美观效果。

※ 盆栽芦荟通透性良好的花盆是首选,若土盆是新的,就应泡水退火,否则,上盆后浇水不易把盆体渗透,半干半湿的盆壁会灼

伤新根。若是粘满了泥土的旧盆,应把盆土残渣、青苔清洗干净,放在阳光下晒干再用,既可增加盆体透气性,又可预防各种残留的病原菌对新盆栽的芦荟侵袭危害。

上盆以前,在盆底先放一块碎瓦片,压在盆底的透水孔上,然后再向盆内填放预先配好的盆土。选用叶片短而厚实、茎部粗壮、颜色深绿、带有4条以上自生根的健康种苗,上盆时不要伤着芦荟的幼根,芦荟苗全靠它的根系吸收营养,也不要让培养土冒过叶子,以免叶片腐烂。先把芦荟种苗在盆中央放正,尽量让根系舒展,向盆中添加配好的培养土,填土覆盖好根部后再轻轻向上提一提,再稍微压实,使根系上下和盆土紧密接触,并墩实盆土,把培养土加至与盆沿保持2~3厘米为止。最后,慢慢向盆内浇透水,放在半荫处养护,缓苗后可移至阳光处养护。

(3)换盆 ※芦荟生命力极强,通过一段时间的生长,芦荟的根系就会布满全盆,盆土越来越少,将严重影响芦荟植株的进一步生长,这时需要把芦荟根团从原盆中脱出,更换一些新的营养了,换入一个更大的花盆中,这就是换盆。

※换盆最好选在春季的4~5月份或秋季的9~10月份。换盆前应先在大号盆里填少量的培养土,然后为让芦荟安全的脱为了脱盆时减少对其根系的损伤,应采用正确的脱盆方法。对于小型花盆栽种的芦荟,可将盆中芦荟株头朝下,用一只手把住盆土,另一只手掌拍打盆的外壁,盆土和盆壁就会自动分开,然后连土带芦荟植株一起移入较大的花盆中。在土团四周填上新的盆土,然后浇透水。换盆就算完成。对于较大的芦荟植株和花盆,一只手不能托起,则可将带芦荟植株的大花盆放在松软的地上,来回滚动,并轻轻敲打,使土团和盆壁完全脱落,然后由两人合作,一人捧住芦荟植株,另一人轻轻脱去旧盆,再将整个土团带芦荟植株移至更大一号的花盆,并加新配制的培养土,浇透水,放在遮荫处养护10天左右,即可恢复正常生长。

第二章 芦荟

(4)越冬保温管理　我国幅员辽阔,在不同的地区,由于冬季气温相差悬殊,所以对保温管理的难度和要求也不一样。在比较温暖地区,冬季室内温度都能保持在5℃以上,只要将盆栽芦荟移至室内,放在朝南见阳光的窗台上就可以安全越冬。但在比较寒冷的地区,冬季盆栽芦荟要采取加温保暖措施。

(5)水分管理和松土　※盆栽芦荟过程中,合理浇水是关键。家庭盆栽芦荟需水量主要因所处环境的温度、空气湿度、花盆大小和植株生长状况而异。一般在3~10月份需水量较大。但是,在春夏之交的梅雨季节以及高温多雨季节,一定要注意防止花盆长期积水受涝。芦荟比较耐干旱,是一种适宜盆栽的观叶植物,在一般情况下,十天半月不浇水,问题也不大,虽然影响芦荟正常的生长量,但不会引起干旱死亡。相比之下,由于浇水过多,使盆土长期积水,芦荟根系因氧气不足而发育不良,最后发黑坏死和造成烂心死亡,是家庭盆栽芦荟失败的常见原因。

盆栽芦荟浇水与季节有密切的关系。进入冬季后,室内气温一般在5~10℃左右,芦荟生长受到抑制,此时应尽量少浇水,大约每隔15~20天浇1次水,浇水时间选在晴朗无风、气温较暖和的中午比较适宜。如果室内比较干燥,可以采用叶面喷水,保持叶片翠绿。此外,适当保持盆土干燥,有利于植株安全越冬。

春季,随着气温上升,可适当增加浇水次数,一般不干不浇,浇则浇透,使换盆中的培养土见干不见湿。当气温在15~25℃时,一般5~7天浇1次为宜。

夏季,气温高,蒸发量大,这时需要2~3天浇1次水。另外,每天早晚可向叶面喷水1~2次,以保持叶片膨压,增加观赏性。夏季要尽量避免中午烈日暴晒,以减少盆土水分的损失。如果遇到暴雨和连续降雨,放在阳台上的盆栽芦荟盆中容易积水,一定要注意及时排去,如果盆中有积水,再经高温烈日暴晒,容易引发盆栽芦荟叶部和根部的各种病害,甚至造成植株死亡。

秋季,芦荟浇水要求基本和春季相近,要使盆土有干有湿,有时宁可少浇一些,在盆土缺水后再进行补浇,而千万不要使盆土长期处于水分过度饱和状态,造成盆栽芦荟根部氧气不足,呼吸困难,最后造成芦荟植株死亡。

盆栽芦荟浇水还要看植株的状态。一般较大的芦荟植株种在较大的花盆中,盆土较多,保水能力和水分缓冲能力强,浇水次数可以少一些,间隔时间可以长一些,每次浇水量可以多一些。但较小的芦荟植株种在较小的花盆里,盆土干湿变化异常剧烈,水分不足则抑制小苗生长,盆土过湿会使植株死亡,浇水应仔细,尽量多干少湿。另外,芦荟根系发育得好,叶色绿,叶片肥厚,可以适当浇得透一些,对盆栽芦荟生长不会有太大影响。如果根系发育不好,叶片细长,又薄又嫩,叶色淡,这时千万不能使盆土过分潮湿,而应使盆栽芦荟多晒太阳,及时松土。

在日常养护过程中,判断盆栽芦荟是否需要浇水,最常用的方法是听音、看色和摸土。听音,就是用手指轻弹花盆,当发出沉闷的浊音,说明盆土较湿,不需要浇水;当发出清脆的声音,则表示盆土已干,应适时补充水分。看土,当盆土呈灰白色,说明盆土干燥,需适当浇水;当盆土呈深色则盆土较湿,不宜再浇水。摸土,是用两手指捏盆土,如易捏成片状和团状,甚至黏在手指上,则说明盆土较湿不宜浇水;如手指一捏,即成碎土和粉状,说明盆土已干,应及时浇水。

松土是与盆栽浇水密切联系的一项日常养护活动。盆栽芦荟盆土面积小,容量有限,根系被局限在一个很小的范围内,加之长期浇水,必然造成表层板结,影响根系呼吸,降低吸收能力,致使芦荟生长不良和出现烂根现象。松土可以增加芦荟根系活力,防止烂根现象发生。及时松土,对于改良盆土物理结构,创造良好通气条件,切断盆土毛细管减少水分蒸发,也具有十分重要的意义。

松土工具可以自己用 8 号铁丝弯制成小耙,齿长以 2~3 厘米为宜,如耙齿太长,松土时会损伤芦荟的肉质根,对芦荟生长不利,但在松土过程中少量地切断一些细小的表层侧根,则有利于促进新根向盆土深层生长和发育。

松土应在盆土表层泛白的时候进行,深度一般控制在1.5~2厘米左右。

(6)肥力管理 基肥是在装盆前,将基质与肥料按10:1的比例充分混合后装盆。在芦荟生长期间追肥可将肥液稀释后再施用,一般采用浓度不超过2%的尿素或1‰过磷酸钙上清水溶液进行浇施。追肥一般可以每隔20~30天进行一次,春秋可以适当增加追肥次数,冬季少施肥甚至不施肥。

四、芦荟的病虫害防治

(一)芦荟病害

在芦荟生长过程中,由于环境条件不适宜和遭受病原生物的侵袭,会引起各种各样的病害,影响芦荟的生长发育和产量,甚至造成植株死亡。病害的防治首先要了解病害发生的原因、病原物的侵袭过程及其生态环境,掌握各种病害危害时间、部位和范围等规律,并采取"以防为主,综合治理"的策略,增强寄主抗病能力,保护寄主不受病原物侵害,消灭病原物,控制病原物生长和繁殖,切断侵染途径;改善环境,使有利寄主生长发育,增强抗病能力,达到综合治理的目的。

1. 芦荟的病害 迄今为止,在我国发现的芦荟病害有7种,其中以炭疽病发生最为普遍,危害最为严重。

(1)炭疽病 是芦荟种植中最常见的真菌性病害,目前在全国各地芦荟种植区均有发生,对芦荟的产量和质量影响较大,对加工产品质量和芦荟的观赏价值也有严重不良影响。

①症状表现:主要危害叶片,茎部亦可感染。感病后叶尖、叶

芦荟和食用仙人掌种植新技术

缘先出现病斑。病斑呈半圆形黑褐色,很快扩展成大斑,中部稍微下陷,边缘略隆起,其上散生小黑点。在叶两面的病斑上,偶有小黑点为病原菌的分生孢子盘,多为粉红色的粘孢子团,特别在潮湿条件下更为明显。

②发病条件:病菌以菌丝体的分生孢子在病残组织内越冬,发育适温21～28℃,高温高湿、园圃郁蔽有利发病。盆土过湿,园圃疏于清沟排渍或偏施氮肥会增加发病率。多雨潮湿是发病的重要条件。

(2)根腐病 属真菌性病害

①症状表现:幼苗感病,根尖初呈水渍状病变,后变褐色腐烂。病情迅速发展并延及茎部,可致幼苗死亡。

②发病条件:病菌以卵孢子在病残组织和土壤内越冬。菌丝生长适温32℃,最低和最高温度分别为4℃和36℃。寄主范围广,能侵染芦荟、郁金香、兰花、仙客来和黄瓜等150种植物,用旧地作床或用旧盆土,易发病。

(3)疫病 是芦荟苗期的一种重要的真菌性病害,在苗圃或温室中常见发生。

①症状表现:可危害根、茎、叶、花等部位,以叶部受害最重。叶片感病,初期呈暗绿色水渍状病斑,病叶渐渐下垂、软腐;茎部感病表现为水渍状褐色软腐;根部感病,病根水渍状褐色腐烂,新根少,植株长势明显减弱。发病严重时整个苗圃或温室的芦荟苗发病,甚至成片软腐死亡。

②发病条件:高湿是发病的重要气象条件,偏施氮肥,灌水过多的田块也容易发病。

(4)褐斑病 属真菌性病害。

①症状表现:主要危害芦荟叶片。发病初期,病斑为暗绿色水渍状小点,以后扩展为圆形或不规则形褐斑,病斑凹陷,中央略显紫色;发病后期呈现黑色星状斑点,病斑可穿透叶片两面,不穿孔。

在叶正面产生成堆黑色小点,是它的分生孢子器。时而有病叶杂生炭疽病菌。

②发病条件:低温荫蔽高湿是发病的重要条件。在海南一年四季都可发病,但以6~10月发病较为普遍。

(5)叶枯病　属真菌性病害。

①症状表现:主要危害芦荟叶片。发病初期,叶尖、叶缘的叶面部分呈现褐色小点,后扩展为半圆形干枯,病斑皱缩,中央灰褐色,边缘为水渍状暗褐色环带,病斑有小黑点呈同心圆状排列。

②发病条件:潮湿多雨是发病的重要条件。全年都有发生,在各芦荟种植基地发病普遍,但发病程度轻于炭疽病。

(6)白绢病　属真菌性病害。在广东已有发现,但不普遍。

①症状表现:这是一种毁灭性的根部病害,危害根、茎、芽和叶。发病初期叶片发黄、萎垂,植株长势减弱,直至芽心腐烂,在根部可见大量白色菌丝,且有蘑菇味道,芽叶全部腐烂,菌丝渐呈黄色,并产生近球形菜籽状棕褐色颗粒,即菌核。

②发病特点:高温多雨时节是芦荟白绢病的盛发季节。

(7)斑点病　属真菌性病害。

①症状表现:发病初期,叶片上产生水丝状病斑,后发展成近圆形黑褐色病斑,个别病斑边缘呈放射状,周围有黄色或黄黑色晕圈。发病后期,病斑上有许多黑褐色颗粒,叶表下陷,叶肉丧失利用价值。条件适宜时,该病以菌丝体或分生孢子借风雨及浇水传播,并形成多次侵染。

②发病条件:一般芦荟品种上都可发病。当气温连续2小时低于20 ℃时,多数芦荟品种植株代谢受阻,抵抗力下降,带菌叶片局部产生病斑,当气温低于15 ℃连续2天以上,叶片发病率占叶片总数的50%;当气温低于12 ℃时,叶片发病率占叶片总数的67%,连续一个星期气温为8~10 ℃时,叶片布满病斑。露地栽培或有霜害发生的地区发病率更高。另外台风、多雾天气、冰雹、雨

水集中、昼夜温差在 10 ℃条件下也可引发此病和扩大蔓延。

2. 芦荟病害防治措施　根据芦荟病害发生的规律,对于各种病害防治的方法可归结成以下 3 个方面:

(1)植物检疫　植物检疫是防治芦荟病害发生的第一道防线。我国许多地方刚开始引种芦荟,对于新发展芦荟种植的地区要树立法制观念,遵守国家有关法令,增强自我保护意识,防止各种对芦荟有害的病原物引入。具体方法是,对外面引入的种苗要加强检疫,在交通关口包括海港、车站、机场等对引入的芦荟种苗要加强检查,严格执行禁运、销毁和消毒处理等措施。如发现有毁灭性病害的疫区,则应果断进行封锁,严格禁止从疫区调运种苗。

从国外引芦荟种应在指定机构执行,为了保证在引种时不引进任何芦荟病害,引种材料应在具有隔离条件的温室或试验场所进行。

(2)农艺措施防治　就是在芦荟栽培过程中,采取有利于芦荟生长发育,抑制病原扩散传播的各种农业栽培措施,直接或间接的防治芦荟病害。

① 选用抗病品种:利用芦荟不同品种对病害抗性的差异,选择优良抗病种是一种效果大、成本低的防治方法。通过系统选育、杂交育种和远缘杂交都可能获得优良的抗病芦荟品种。这是一项长期的基础工作,在芦荟产业化起步阶段就应给予充分的重视。

② 建立优质无病种苗基地:种苗是病原物传播的重要源头,建立健康无病种苗基地是防治芦荟病害发生的首要环节。选择无病区作为芦荟种苗繁育区,采取优良耕作措施,严防病原物侵袭,提高芦荟种苗质量。在种苗基地要安排专人对各种病害进行检查,及时发现和拔除病株,必要时可采取防护措施,确保种苗基地处于无病状态。芦荟的种苗繁殖速度很快,适时起苗有利于培育壮苗。起苗时应选择干燥晴朗的天气,起苗后在太阳下及时晒干根土,防止损伤叶片,这对防治芦荟病害也是十分有利的。在芦荟

种苗发运前,要再作严格检查和挑选,确保外运芦荟种苗无病原携带,进一步提高芦荟种苗质量。

③合理轮作:轮作是减少病原物在土壤中蔓延的重要措施。芦荟是多年生植物,但由于在生育期间多次收获叶片,使其茎部不断伸长,经3~5年后,植株倒伏在田间,容易感染和积累病原物,不宜再种芦荟,连作必然会导致芦荟病害蔓延。芦荟对前茬选择虽不严格,但以肥沃蔬菜茬为好。合理轮作可以改进土壤结构,提高土壤肥力,饿死病菌,促进根系有益微生物群发展,是减少芦荟病害从土壤侵染的有效措施。

④清园洁田:田园卫生包括及时清除病株残余、中耕除草、拔除病株和去除病叶等措施,其目的是及时消灭初侵染和再侵染来源,应作为一种经常性防病措施。具体工作是,在定植以前,进行深耕,将分散在田间的各种秸秆残余及时翻地压到土中,消灭病害初侵染源;在芦荟生长期间,及时铲除杂草,清除病株病叶,使原来寄生在杂草上的病原物无栖身之地,同时也可改善芦荟的通风透光和营养条件,压缩再侵染的病原物数量,减少芦荟病害。

⑤ 加强肥水管理,增强芦荟抗病能力:合理的肥水管理,对许多芦荟病害都能起到间接的防病作用。按照芦荟的生长发育特征需要,在芦荟生长发育过程中,适时适量地施肥灌水,能促进芦荟的健康生长。过多或不足的肥水供应,都会造成芦荟对各种病害抵抗能力减弱,使芦荟生长发育受到影响,造成产量损失。

(3)药剂防治 主要是用化学药剂来消灭或控制病原体,按所起的防治作用,化学药剂可以分为铲除剂、保护剂和治疗剂三大类型。

① 铲除剂:是毒力较强,能迅速杀死病原体的可溶性或挥发性物质,如作土壤消毒处理用的福尔马林。在大棚温室栽培芦荟,必要时可以利用铲除剂作栽前土壤消毒。

②保护剂:是一类溶解度低、挥发缓慢的物质,附着在植株表

芦荟和食用仙人掌种植新技术

面,可以有效地抑制病菌的萌发和侵入,在蔬菜和果树栽培中应用十分普及。特别是硫酸铜和石灰水混合液配制成的波尔多液,可以防止真菌侵入植物体内,对多种真菌都有防治作用,对防治芦荟真菌病作用也较明显。

③治疗剂:是近年来发展较快的一类化学防治剂,目前应用的一些内吸传导的治疗剂如托布津、百菌清、菌特灵等和抗生菌分泌的各种抗生素如春雷霉素、井岗霉素,对于直接杀死植物体内的各种病原菌起到了很好的作用。药剂防治虽然可以在一定时期内有效控制芦荟的各种病害,但是不容忽视的是,由于有一些化学药剂的使用会引起环境的污染,一些有害物质的残留会对生态环境产生破坏作用等不良后果。目前,我国栽培芦荟的各种病害不甚严重,故应慎用化学药剂防治。

(二)芦荟虫害

芦荟的叶又硬又厚,叶表皮又含有气味强烈的芦荟大黄素,对大多数害虫有趋避作用,因而生长过程中虫害很少。偶尔有介壳虫、红蜘蛛、棉铃虫危害幼苗嫩叶,但危害不大。一般无需药剂防治,必要时可选用无公害药剂防治。

五、芦荟的化学成分及其利用

(一)芦荟的化学成分

芦荟中含有70多种化学成分,可分为以下几类:

1. 蒽醌类化合物　芦荟中的有机活性成分主要是羟基蒽醌类衍生物,包括芦荟大黄素甙、芦荟大黄素、芦荟大黄酚、蒽醌等20多种物质。其中芦荟大黄素是最基本成分之一。这些物质大多具有杀菌、抑菌、分解毒素、消除炎症和促进伤口愈合的作用。芦荟大黄素甙又称芦荟素,是含蒽醌配糖体的衍生物,在芦荟中大量存在,具有健胃和致泻作用,但致泻性较弱。只有当芦荟大黄素甙在肠管中被氧化以后,放出芦荟大黄素,发挥刺激性泻下作用,主要作用部位在大肠。所以,芦荟对各种便秘有明显的治疗作用。

芦荟所含蒽醌类化合物的种类和数量,在不同品种、不同栽培条件和不同收获时期都会有较大的差异。据测定,在芦荟开花前含量较高(2.17%),盛花期最低(1.10%),其中芦荟大黄素是基本成分。中国芦荟蒽醌含量比美国翠叶芦荟低,前者为0.0056%,后者为0.05%~0.5%。

2. 糖类 指芦荟所含的葡萄糖、甘露糖以及由它们组成的多糖。芦荟叶肉中的黏液主要成分是甘露聚糖,是一种线性的多糖聚合物。芦荟中所含葡萄糖和甘露糖的比例因不同品种而不同。此外,在一些芦荟品种的叶肉汁液中也含有少量的阿拉伯糖和鼠李糖。以往医药界认为芦荟药理功能主要是蒽醌类化合物的作用,近年来医药研究表明,芦荟多糖对于癌症和艾滋病的防治有良好的作用,它们主要是通过提高人体免疫功能而发挥作用的。中国芦荟的多糖含量丰富,作为保健品开发利用很有前途。

3. 氨基酸 在芦荟的新鲜叶汁中,发现有人体必需且不能自身合成的8种氨基酸。以干物质计算,在芦荟叶片中蛋白质的含量约为9.5%,经水解后可产生19种氨基酸,其中精氨酸、异亮氨酸、亮氨酸、赖氨酸、苯丙氨酸、苏氨酸、色氨酸和缬氨酸是人体必需且不能自身合成的。芦荟叶汁中的氨基酸的含量组成比较平衡,其中精氨酸的相对含量又比较高,所以芦荟被人们誉为21世纪最有希望的保健食品。

芦荟叶汁的氨基酸含量和组成可以因季节和栽培条件的不同而发生变化,以6月份采收的芦荟叶片新鲜汁液中游离氨基酸的含量较高。

4. 脂类及有机酸 芦荟中已知的脂类成分有:类异戊二烯、烷烃、脂肪酸、酯类及淄醇类物质。芦荟的根、茎、叶中均含有多种有机酸,在叶汁中已检出的有机酸有琥珀酸、苹果酸、乳酸、对香豆酸、酒石酸、丁二酸、异柠檬酸、柠檬酸、乙酸、辛酸、壬烯二酸、月桂酸、十三烷酸、十四烷酸、十五烷酸、十六烷酸、十七烷酸、十八烷酸、油酸、亚油酸、亚麻酸等。

芦荟所含的有机酸大多与钾、钠、钙等离子或生物碱结合,以盐的形式存在。芦荟中的有机酸含量随着季节变化而变化。在夏季,芦荟中有机酸含量有普遍增高的趋势。

芦荟所含的有机酸及其盐类中,有一部分本身就具有生理活性,如琥珀酸有止咳平喘的功能,柠檬酸有抗凝结性作用,而乳酸醇和芦荟宁共同作用,可以有效地抑制胃液分泌的活性。

5. 矿物质 芦荟植株中含有几十种矿质元素,如钾、钠、钙、镁、铝、铁、硅、锰、锌、铜、钡、镍、锗和银等。其中锗元素以有机态的形式存在,有抗癌作用。

6. 维生素 芦荟叶汁中含有多种维生素,迄今为止已查明的有维生素 A、维生素 B_1、维生素 B_2、维生素 B_6、维生素 B_{12}、维生素 C、维生素 E 和维生素 H 等。另外,还含有一些维生素和金属离子化合物的生物原刺激物质,这种物质具有增强组织生化过程的作用。

7. 酶(多肽) 目前,已从芦荟叶汁中检出的酶有淀粉酶、纤维素酶、过氧化酶、脂肪酶、氧化酶、乳酸脱氢酶,碱性磷酸酯酶、酸性磷酸酯酶、谷丙转氨酶、谷草转氨酶、缓激肽酶、蒜氨酸酶、血管紧张肽、植物凝血素等。已有研究表明,植物凝血素是由蛋白质和碳水化合物组合而成,能附在人体细胞上,激活人体细胞中的生长因子,增强淋巴细胞功能,提高人体抗感染能力。

另外,在日本,有人从芦荟中提取出缓激肽酶、乳酸镁。在英国,则从芦荟中分离出毒碱。随着科学技术的发展和研究的深入,芦荟中新的化学成分也将会不断地被发现。

(二)芦荟的加工

1. 芦荟加工制品概述 随着经济的发展、科技进步、人民生活质量不断提高,国内对芦荟的开发利用越来越重视,也开始了对芦荟的加工和利用。

一般来说,从种植园地采摘回来的芦荟鲜叶必须经过加工才能作为芦荟产品投放市场。生产任何一种芦荟产品,基础原料芦荟凝胶液是不可缺的。因此,生产稳定的芦荟凝胶液的加工技术是整个芦荟产品生产过程的第一步,也是非常关键的技术。

人们将含有一定量芦荟的食品、饮料、美容化妆品和药品等统称为芦荟产品,而将芦荟鲜叶加工作成的芦荟凝胶液、全叶芦荟汁、芦荟凝胶粉等称为芦荟制品。芦荟制品是生产芦荟产品的原料。

2. 芦荟原汁(凝胶液)的加工方法

(1)清洗　将采收后的芦荟鲜叶用自来水冲洗干净,除去泥沙等杂质。

(2)剥皮　用锋利的不锈钢刀片,将叶皮和叶肉分开,把剥离的叶肉收集装入聚乙烯塑料桶中。

(3)捣碎　用高速捣碎机将叶肉捣碎成稀浆液,然后静置沉淀1小时。

(4)过滤　稀浆液用80目尼龙纱布过滤,即得芦荟原汁(凝胶),淡黄色。

(5)浓缩与干燥　芦荟原汁含有99%以上的水分,为了市场销售运输方便,可将原汁进行低温真空浓缩成10倍液、40倍液的浓缩物,如要制成凝胶粉,还需进行真空喷雾干燥或真空冷冻干燥。

(6)保存　过滤后的芦荟原汁或浓缩为10倍液、40倍液,或干燥成凝胶粉产品,都必须保存在4℃以下的冷藏库,以防变质。该产品可用于制作食品饮料及化妆品的原料。

3. 芦荟皮汁的加工方法

(1)清洗　将采收后的芦荟鲜叶用自来水冲洗干净,除去泥沙

芦荟和食用仙人掌种植新技术

等杂质。

(2)剥皮　用锋利的不锈钢刀片,将叶皮和叶肉分开,把剥离的叶皮收集装入聚乙烯塑料桶中。

(3)捣碎　用高速捣碎机将叶皮捣碎成稀浆液,然后静置沉淀1小时。

(4)过滤　稀浆液用80目尼龙纱布过滤,即得芦荟皮汁,土黄色。

(5)保存　过滤后的皮汁,保存在低温4℃以下的冷藏库,防止变质。该产品主要用于制造药品及化妆品的原料,因含有较多蒽醌类物质,不宜作食品或饮料的原料。

4. 市售中药芦荟的加工方法

(1)加水　将芦荟叶肉和叶皮捣碎过滤后的原汁渣及皮渣进行混合后加水,渣水比例为1∶1,充分拌匀,煮沸1小时。

(2)过滤　用80目尼龙纱布过滤,即得芦荟炼汁,橘黄色。

(3)混合　将皮汁和炼汁混合拌匀。

(4)浓缩和固化　将上述混合物直接用火煮浓缩至饴糖一样的浓度,冷却后凝成树脂状,即为中药芦荟。

5. 芦荟藜芦油的加工方法

(1)脱水　滤取芦荟炼汁后的滤渣,用离心机进行脱水。

(2)提取　滤渣用甲醇或乙醚等有机溶剂提取,可获得芦荟藜芦油。该产品是膏霜类护肤品的原料。

(三)芦荟的综合利用

1. 芦荟在医药上的应用　我国传统中医认为,芦荟性苦寒,入肝、胃、大肠经,具有清热、通便、杀虫等功能。现代医学对芦荟的药理作用有了更深入的了解。

(1)芦荟的药理作用

①杀菌作用:芦荟酊,是抗菌性很强的物质,其作用主要是抑制病原体的发育与繁殖,对真菌、霉菌、细菌、病毒都有直接抗菌杀

第二章 芦荟

菌作用,而且不会使菌产生耐药性。芦荟可抑杀的病菌:白喉菌、破伤风菌、肺炎菌、乳吱菌菌、痢疾菌、大肠菌、黑死病菌和霍乱菌,并对中耳炎、膀胱炎、化脓症、麻疹、狂犬病、小儿麻痹、流行性脑炎等均有治疗作用。

②抗炎作用:芦荟可抵抗炎症,尤其是芦荟多糖类对体内任何病都赋于抵抗力,如对皮炎、慢性肾炎、膀胱炎、支气管炎等慢性病都可治愈。

③美容护肤美发作用:芦荟中的多糖和维生素,对人体皮肤有良好的营养、滋润、增白作用,芦荟对消除青春少女粉刺有很好的效果。芦荟中的蒽醌类物质具有使头发柔软而且富有光泽、轻松舒爽、去屑的作用。芦荟中的天然蒽醌甙或蒽的衍生物,可吸收紫外线,防止皮肤红肿和产生褐斑。因此,芦荟美容霜、芦荟护肤蜜、芦荟染发膏等芦荟化妆品约占整个欧洲化妆品的80%。

④健胃通泄作用:芦荟含有芦荟大黄素甙、芦荟大黄素等有效成分,起着增进食欲和通泄作用。体质过于衰弱而几乎失去食欲并面临病危的患者,服用芦荟也能恢复食欲。健康的人长期服用芦荟和坚持芦荟浴,可以防治疾病,增强体质,保持精力旺盛。芦荟是古今中外治疗便秘最有效的药物。即使非常严重的便秘,服用芦荟之后,在8～12小时内就能通便。

⑤强心活血作用:芦荟中的异柠檬酸钙等成分,具有强心、促进血液循环、软化硬化的动脉、降低胆固醇和扩张毛细血管的作用,使血液流畅,减轻心脏负担,促使血压正常。

⑥免疫和再生作用:芦荟素A、创伤激素和聚糖肽甘露等物质,具有抗病毒感染,促进伤口愈合复原的作用。因此,用它治疗各种皮肤外伤,不仅疗效显著,而且伤口治愈后不留伤痕。芦荟中的多糖类,具有提高免疫力的作用,有很强的抑制或破坏异常细胞的生长能力,从而形成抗癌作用。

⑦解毒作用:芦荟具有分解生物体内有害物质的作用,解除侵

入生物体的外部毒素。对放射治疗癌症引起的烧伤性皮肤溃疡不仅能解毒,而且有消炎及再生新细胞的作用,并使放射治疗而减少的白血球增加。

⑧抗衰老作用:人体的肌肉和胃肠黏膜等处存在有黏液素,让组织富有弹性力。如果黏液素不足,肌肉和黏膜就会丧失弹性而僵硬老化。芦荟中的黏液(蛋白质)是防止老化和治疗慢性过敏症的非常重要的成分,并有壮身、强精的作用。

⑨镇痛镇静作用:芦荟有特效镇痛作用。当手、脚肿痛、牙痛而难以忍受时,在患部贴上芦荟生叶,不久就能消除疼痛。神经痛、痛风、筋肉痛等,内服和外用芦荟,也有镇痛效果。芦荟还能预防和治疗晕车、晕船等。

⑩防虫防腐作用:芦荟具有直接杀菌作用,所以芦荟汁液具有很好的消毒和防腐效能。夏天,人的皮肤上如涂上芦荟汁,蚊子就不会叮咬。如哥伦比亚人常给小孩的脚上抹芦荟汁,以防止蚊虫叮咬。我国云南元江傣族人常用芦荟汁喷洒门窗和室内,防止苍蝇进屋里。

⑪防臭作用:芦荟具有防止口、脚、腋等体臭的作用。几个世纪以来,人们就用芦荟去除体臭。非洲刚果居民打猎时,为了不被动物闻到体臭,就在身上抹芦荟汁。

(2)芦荟的临床应用 目前,芦荟临床应用也已积累了不少实例。传统的主要将芦荟用于方剂,常见的复方芦荟制剂有:更衣丸、色润肠丸、芦荟润肠丸、芦荟丸、结核丸、当归芦荟丸、芦荟蜡酥膏和加味信枣散等。将单味芦荟加工后,也可用于治疗结核性皮肤溃疡、便秘、百日咳、痔疮、疖肿等。

①五官科应用:在眼科,芦荟用于治疗眼睑炎、结膜炎、角膜炎、脉管炎、视神经萎缩、沙眼;在鼻科,可治疗听神经炎、耳硬化症、慢性耳炎;在口腔科,可用于治疗各种炎症、喉炎、咽炎以及牙周炎。②内科应用:芦荟可用于治胃溃疡、十二指肠溃疡、支气管

气喘等;对降低血压、消除头痛和心绞疼痛也有一定的效果;对胆囊炎患者,芦荟可使肝大明显减少,消化不良消失,从而防止病情加剧。③ 外科应用:芦荟治疗溃疡,能有效抑制溃疡渗出液中微生物菌丛的生长,增加吞噬作用,促进伤口愈合。还可用于许多慢性皮肤病,如湿疹、牛皮癣、粉刺、放射性物质对体表的损伤等。④ 妇科应用:可以治疗急性、亚急性和慢性生殖器炎症引起的卵巢囊肿,有效改善患者全身症状,增加体重,使炎症减轻或完全消失,血液指标恢复正常。芦荟对于子宫内膜炎、外膜附件炎及不孕症都有一定疗效。

2. 芦荟在保健食品方面的利用　芦荟不是香甜的水果,更不是美味的佳肴,人们看重芦荟,主要在于它的医疗作用、保健作用和营养价值。所以,开发的芦荟保健品和保健食品种类繁多。主要有芦荟饮料、芦荟糖果、芦荟酒、芦荟糕点、芦荟料理(芦荟沙拉、芦荟炒蔬菜、芦荟生鱼片等)、芦荟酱、芦荟饺子等。下面介绍几种简易芦荟保健品的制作方法:

(1)芦荟加蜂蜜(芦荟蜂蜜饮)　蜂蜜具补中益气、和胃润肠和生津解毒等功能,而芦荟有清热解毒、消炎、杀虫的作用。芦荟加入蜂蜜,可以改善芦荟的适口性,进一步增强芦荟的保健功能。其制作方法是:取蜂蜜1千克加芦荟新鲜叶肉汁100克,并加入3毫升的柠檬果汁,pH调至3～4左右,在60℃温浴锅中充分调匀,得到一种稍带绿色的蜂蜜,用开水冲服。长期服用可以提高人体免疫功能,对于肠燥便秘、胃腹疼痛者尤为适宜。

(2)芦荟茶　选用成熟的芦荟叶片若干,去除病斑和坏叶,用清水洗净,在105℃下烘干(4～6小时),切成丝状,然后装入密封容器中避光保存,随用随取,居家旅行饮用都很方便。在饮用芦荟茶时,可每次取芦荟叶片5～8克,放入茶杯,用沸水冲入后加盖3～5分钟即可饮用。一杯芦荟茶可冲3～4次,茶味清苦爽口。经常饮用芦荟茶,可以消除口臭,对扁桃腺炎和喉炎有较好的预防和治疗效果。对消除老年性便秘也有明显作用。

(3)芦荟药粥　芦荟与米粥配伍,同煮为粥,相佐相使,可平缓药性,增强功效。芦荟药粥对肠胃消化系统具有综合调理作用,对清热、通便、杀虫和妇女通经都有一定的功效,特别适合老年人及妇女儿童服用。芦荟药粥做法是:取新鲜芦荟50克,去皮后将叶肉切成小块,加上优质粳米100~150克,加水适量煮粥,待粥成时加生姜2片,白糖适量,即可服用。

3. 几种简易芦荟美容化妆品及其应用

(1)芦荟叶汁　将生芦荟叶捣烂绞出汁即可。可用于消除粉刺、雀斑及老年斑。用芦荟叶汁兑水揉擦患处,也可以内服。养成每天早晚定时内服和外用的习惯,短时间就会见效。

(2)芦荟润肤膏　芦荟润肤膏具有防止皮肤粗糙,减少皱纹,滋润皮肤的作用。经常使用可使面部红润健美,保持青春活力。芦荟润肤膏可以自制,所用材料和制法如下:

①材料:芦荟生叶一片,黄瓜一条,蛋一个,面粉少许,红砂糖少许。

②制作方法:把芦荟叶洗净,削去刺,然后擦碎,用纱布绞出叶汁。黄瓜亦洗净压出汁。在生蛋中加1小匙芦荟汁、3小匙黄瓜汁和2小匙红砂糖,充分搅拌混合,再加入5小匙左右的面粉,即可调制成美容润肤膏。

使用时将调制的润肤膏均匀地抹在整个脸部,约四五十分钟后,用温水洗净。若再抹上兑水的芦荟叶汁,效果更佳。

(3)芦荟唇膏　芦荟唇膏可防止嘴唇干裂。其自制方法是将生芦荟叶捣烂绞出叶汁,然后与蜂蜜混用。蜂蜜有一定的粘度,所以不会马上变干,而且能紧贴在唇上,形成一层"唇膜"。芦荟唇膏可装入小瓶子里随身携带。因其富含营养,而且无色、透明,所以男女老少均适合使用。

(4)芦荟化妆水　芦荟化妆水的制法是将叶片洗净、捣烂,用纱布滤出叶汁,再加一倍左右的水就可以了。用芦荟化妆水擦洗脸部,然后再用指压法和按摩法进行美容,效果会更好。

(5)芦荟银杏去皱膏　取新鲜芦荟叶1片洗净,优质银杏100粒。加蜂蜜和蛋清各适量,放在家用打浆机中打成糊状。每天晚上涂在面部或手部各暴露部位,第二天清晨洗去。坚持使用一段时间,就可以消除皮肤皱纹,褪去老年斑和各种皮肤色块,使皮肤变得白嫩。

(6)芦荟杏仁嫩肤膏　取新鲜芦荟叶1片洗净切成小块,加入等量去皮杏仁,共同捣烂后取汁,加入新鲜鸡蛋黄适量,充分调和成粘膏状,每天晚间敷在面部,次日清晨用温水洗去,也可以在洗澡后涂在需要的皮肤部位。芦荟杏仁可以治疗皮肤粗糙和面部及体表的各种黑疵和皮肤病症。

(7)芦荟南瓜增白膏　取芦荟新鲜叶片约200克,去皮去籽去瓤南瓜200克,均切成薄片,加入50度白酒100克,煮烂捣碎成糊状,晚间涂于面部,次日早晨洗去,可以消褪皮肤中的沉淀色素,使皮肤由粗糙变细腻,并增白。

4. 应用芦荟的禁忌　虽然芦荟的功能和用途极其广泛,却不可盲目使用和食用。

(1)内服芦荟鲜叶应注意的事项:

①注意芦荟鲜叶、干叶和干块的区别:新鲜芦荟叶不仅具有芦荟干块的各种功能,而且药性较芦荟干块更温和,特别是新鲜芦荟所含超氧化物歧化酶(SOD)和多聚糖能提高人体生理机能,促进人体健康,改善免疫,是芦荟干块所不及的。

②食用芦荟新鲜叶片的适用对象:芦荟是一种清热解毒泻下之药,对强体质比较适宜,对于体质虚弱或者脾胃虚寒者应谨慎服用。对于吃了芦荟鲜叶后就呕吐,或引起剧烈腹痛和伴有腹泻者也应禁止食用。

③服用芦荟新鲜叶片要适量:成年女性每天可服用长3厘米、

宽4厘米的芦荟叶肉1块,强壮男性可适当增加(一般可加10%~20%),小孩和老人则应酌情减少,妊娠和经期的妇女应避免服用芦荟。

④切忌误食:龙舌兰和芦荟植物形态相似,但龙舌兰是有毒的,所以切不要误食。芦荟品种除了少数几种可以食用鲜叶外,大多数品种只是观赏植物,有些芦荟品种还是有毒的,误食后可能引起中毒甚至危及生命安全。

⑤切忌把芦荟当成"灵丹妙药"。尽管芦荟对多种疾病的治疗作用为现代医药所证实,但是也不能将芦荟看成"灵丹妙药",样样病都靠芦荟来治,特别对于急性疾病以及一些病势严重的情况,一定要及时送医院请医生治疗,以免贻误时间。

(2)外用芦荟鲜叶应注意的事项 一般芦荟鲜叶的外用都比较安全,方法也简单易行。适宜外用的芦荟品种较多,如上农大叶芦荟、中国芦荟、木立芦荟、皂质芦荟都可以取叶应用。但值得注意的是,芦荟鲜叶汁内含有一定量的草酸钙和多种植物蛋白质,有些患者皮肤特别敏感,在外用新鲜芦荟叶搽抹后,皮肤有痒的感觉或发出红色小疹斑点,一般不会太严重,半天时间就可褪去。遇到皮肤过敏者,可以将芦荟鲜叶汁用冷开水稀释后应用,过敏严重者应立即停止使用。发现小疹斑点或有痒的感觉,可用温水冲洗,千万不要用手指去抓,以免抓破皮肤,造成新的感染。

第三章
食用仙人掌

一、食用仙人掌的基本知识

(一)食用仙人掌的栽培历史

仙人掌原产于美洲热带的干旱沙漠和半沙漠地区,是美洲特有的一种植物,世界上以墨西哥的资源最为丰富,栽培利用历史最为悠久,被誉为"仙人掌王国"。根据有关资料考证,食用仙人掌已有两万多年的历史,人类食用的历史也有近万年了。

墨西哥人种植食用仙人掌主要集中在米邦塔(Milpa Alta)地区。半个多世纪以来,他们培育出了不少用途各异的新品种。例如菜用仙人掌,无刺或者少刺、酸度小、风味佳;果用仙人掌,果实大、颜色好、产量高;饲料用仙人掌,色好产量高。另外还有药用成分含量高的药用仙人掌,色素含量高的染料用仙人掌等。墨西哥人称仙人掌为"绿色的金子"。1496年,哥伦布把仙人掌从美洲带回欧洲,欧洲人对仙人掌开始有了认识并有了少量的栽培。

※美洲的食用仙人掌于明朝末年传入中国,野生在四川、云南、海南等地,后成为归化植物被栽培。到了1997年8月,国家农业部优质农产品开发服务中心独家从墨西哥米邦塔地区引种了一个中文名译为米邦塔的食用仙人掌品种,在云南、海南等地作为特种蔬菜进行露地栽培,同时在东北、华北一带和北京等地区进行大棚和温室栽培。现在,几乎全国各地都有引种种植,宾馆、酒店的菜谱上,大众餐桌上的仙人掌美味菜肴也日益增多。

(二)食用仙人掌的类型和品种

※仙人掌科可分为叶仙人掌亚科、仙人掌亚科和仙人柱亚科三类。叶仙人掌亚科有2属,仙人掌亚科有5属,仙人柱亚科有80余属。仙人掌亚科仙人掌属共有300多个种类,种类繁多。

仙人掌科植物也可被大致分为野生和人工种植两类。人工种植又分为食用仙人掌、饲料用仙人掌、观赏用仙人掌、染料用仙人掌和药用仙人掌等几类。食用仙人掌通常是指仙人掌亚科仙人掌属以肉质茎作菜用,或以果实作水果鲜食的品种,分为菜用和果用两种。

1. 菜用仙人掌

(1)米邦塔 1997年由我国农业部优质农产品开发服务中心从墨西哥米邦塔地区引进。株高2~3米,茎节为扁平状,呈卵形,长14~40厘米,肉质绿色、有节、无刺或基本无刺。营养丰富,且具有较高的药用价值,可加工成多种保健品,还是制作罐头、饮料、酿酒的上等原料。

米邦塔食用仙人掌喜干燥、喜光、喜热,适应性很强,耐瘠薄,能够在荒山坡地种植,生长迅速,我国南方冬季气温保持在0℃以上可露天种植,北方采用大棚或温室种植。收获期长,一次栽种,可采收10~15年,每亩年产量在10吨左右。

(2)金字塔食用仙人掌 原产墨西哥,掌片狭长,有稀疏短刺,刺座明显,掌片较厚,正常管理情况下一般掌片长 20～45 厘米,宽 7～15 厘米,长宽比例为 2.5∶1～3.5∶1。国内已有较大规模种植面积,常被充作"米邦塔"出售,因种片售价比"米邦塔"低,有不少不明真相的引种户当作"米邦塔"引进栽种。该品种可作菜用、药用、加工或观赏用。

(3)无刺食用仙人掌　原产地墨西哥,我国栽种的大部分从越南引进。掌片狭长,无刺,较光滑,色泽淡绿,正常管理情况下一般掌片长 15～38 厘米,宽 6～13 厘米,长宽比例为 2.5～3.5∶1。国内有一定规模种植面积,常被充作无刺"米邦塔"出售,因种片售价比"米邦塔"低得多,有不少不明真相的引种户当作"米邦塔"引进栽种。该品种可作菜用、药用、加工或观赏用。

(4)仙桃(刺梨)　为大型种,高达 3～5 米,茎节绿色或灰绿色,卵形至长圆卵形,长约 20～25 厘米,宽 10～20 厘米,无刺或偶有 1～2 根浅黄色刺。上部边缘的刺座虽可生出芒刺,但在早期自行脱落。花黄色或橙色,直径 10 厘米。果实为浆果,长球形约 9 厘米,成熟后紫色,可食用。其嫩茎可作为蔬菜,果实在美洲热带地区可作为特色水果,栽培历史已久。仙桃是墨西哥栽培最为普遍的食用仙人掌,在我国四川大渡河一带有野生,可菜用、果用或作饲料用;在园艺上可作蟹爪、仙人指等的砧木。

(5)霸王花　又名量天尺、三角柱或三棱箭。茎分节,茎部通常 3 棱,棱上有小刺。属附生类型,在我国南方野生,也可作为围栏植物。花白色,长约 30 厘米、直径 10 厘米,可食用。干制的花叫剑花,在当地集镇有售。花含有多种氨基酸,而且有清热解毒的作用和理气治咳的效果。

(6) *O. robusta* Wendl　种名意为强壮,墨西哥菜用栽培,日本称之为强壮团扇或御镜。茎正圆形,直径可达 40 厘米,厚 1～1.5 厘米,幼时白绿色。耐寒性较强,其果实大,亦可食用。

(7) *O. amyclaea*　墨西哥菜用栽培,茎为卵圆形盘状,有刺。

芦荟和食用仙人掌种植新技术

嫩茎可作为蔬菜和饲料。

(8) *O. streptacantha Lem*　墨西哥菜用栽培,茎为卵圆形盘状,有刺。嫩茎可作为蔬菜和饲料。

(9) *Acanthocereus tetragonus*　墨西哥菜用栽培,为攀缘性四棱柱形仙人掌。须设支架和在遮荫处生长。这种仙人掌粘液少,更受消费者欢迎。

(10) 胭脂仙人掌　美国加州南部和得克萨斯州栽培的菜用仙人掌,因其植株可寄生胭脂虫,收集后可作为珍贵的染料而得名。叶状茎细长、无刺、粘液少、颜色较绿、不耐寒。商品名称误称为仙人掌叶。另外,它的花蕾基部多肉、柔嫩,去掉倒钩刺后亦可作菜。

(11) 越南菜用仙人掌　是叶仙人掌属(木麒麟属)的一种,其幼茎可作为蔬菜。

2. 果用仙人掌

(1) 仙人果 TUNA(图娜)　在墨西哥各州盛产,种类也非常多,主要有绿皮绿肉、红皮红肉和黄皮绿肉,都甘甜可口,营养丰富。果用仙人掌对生长环境的要求更低些,能耐高温,更抗干旱。仙人果一般是每年的 4 月开花,8 月坐果。仙人掌花是墨西哥的国花,仙人掌开花或红或黄、或粉、或白。掌片和菜用仙人掌一样。仙人果的收获季节里,种植园每天都用保鲜大卡车往美国运送新鲜仙人果,出口创汇。在美国,人们把仙人果称为"墨西哥刺梨"。

(2) 白仙人掌果　白仙人掌果剥皮后,果肉呈淡绿色,水灵灵的,如翡翠。剥皮即可食用,也可打成果汁喝,甘甜中带着清香。

(3) 紫仙人掌果　紫仙人掌果皮肉都为紫红色,果肉汁多,色泽鲜艳,通体晶莹,如红宝石。剥皮即可食用,也可打成果汁喝,甘甜中带着清香。

(4) 酸仙人掌果　酸仙人掌果皮肉均为粉红色,味道如柠檬,极酸,墨西哥人把它当做菜的调料用,或做成果干,味酸、咸,跟中国的话梅差不多。

(三)食用仙人掌的生物学特性

1. 形态特征　仙人掌不管是球形、柱形、还是掌状的,都有以下几个特点:第一,花为两性;第二,雄蕊居多;第三,子房下位,胚珠多数,生在侧膜胎座上;第四,种子为双子叶,是多年生双子叶植物;第五,有刺座器官,刺集中长在刺座上。

(1) 叶　仙人掌类植物的祖先有叶,在中美洲不太干旱的地区还有分布。但现在仙人掌的叶一般都已退化为掌片(茎)上的疣状突起。

(2) 茎　仙人掌的茎呈掌状,绿色,含有大量叶绿素,是光合作用的主要器官,常称为掌片或掌叶。在茎的表面,有一层较厚的角质层,角质层外面有腊质,能有效地阻止水分丢失;还分布着大量圆形、下陷的气孔;还有簇状分布的刺和刺毛,形成刺座,呈有规律的线性排列。茎部皮层与髓心部位之间为形成层,形成层附近有呈网状分布的维管束系统,维管束联接着每一个刺座,以供应足够的营养物质。刺座实为腋芽演变而成,栽培中可见新芽均从刺座处发出,且大部分从茎上部的刺座处发出,通常每个茎片可发出2~3个新掌,也有时发出8~9个新掌。根也是从刺座部位生出。因此,刺座基部实际上就是潜伏着的生长点。

仙人掌的茎外形肥厚有发达的贮水功能。这个组织不但能够贮备水分,而且能够减少蒸发表面积,有利于仙人掌抵御干旱,在得不到水分补充的旱季里,依靠体内贮存的水分维持最低限度的生理需求。

随着仙人掌年龄的增长,植株基部的茎会逐渐老化,叶绿素慢慢消失,表皮由绿色变为黄褐色并粗糙起来,进一步木质化后,扁平的茎渐渐变成了圆柱状,并完全丧失光合功能,只行使支撑作用和物质运输机能。

(3) 根　仙人掌植物中,除了少数乔木种类外,一般均无明显的主根,但侧根比较发达。根系分布的深度在30厘米左右,在干旱地区有时根可以延伸很远。很多仙人掌类的老根外部有一层厚厚的木栓层,起保护作用。土壤湿润的时候,周皮下面的根原基可以迅速形成新根,使仙人掌根系发达不衰。

(4)花、果实和种子 仙人掌一般都能开花,只是开花的时间有所不同。有的出苗后2~3年即能开花,有的则生长几十年才会开花。

仙人掌的花大而艳丽,颜色有深黄色、橙黄色或橙红色等,色彩丰富。花辐状,大小不一,直径7~8厘米,单生或数朵至十数朵着生于扁化茎顶部边缘。花两性,雄蕊多数,数轮排列,花丝长约6毫米,花药黄色,长12~15毫米,2室;雌蕊1个,花柱长15毫米,直径2.5毫米,圆柱形,柱头黄白色,6裂;子房下位,1室,胚珠多数。仙人掌的花开放时间各异,并不相同。一般是白花晚上开放,其它颜色的花则是白天开放晚上闭合。花期不长,多数花期只有2天,个别为10天左右。仙人掌的花多带有芳香气味,多在5~6月份开放,少数在7月份开放。

果为浆果,肉丰汁多,椭圆球形至梨形,长5~10厘米,直径4~9厘米,顶端凹陷,表面有小型刺座,刺座处有一毛。果实未成熟时为绿色,成熟时为黄色或橙红色,部分品种兼有红色或淡红色条纹。种子多数为肾状、椭圆形,长4~5毫米、宽3~4毫米,厚1.5~2毫米,边缘较薄,淡黄褐色,无毛。

(5)刺和毛 仙人掌的刺尖而利,对仙人掌自身有保护作用,而且还能够防止强烈光线的照射和紫外线的灼伤它肥厚的躯体。顶端密集的刺可以阻挡紫外线,使幼嫩的表皮免受伤害。

仙人掌的毛多数为白色,密集的毛可以阻挡阳光照射,减少强烈光照对仙人掌的伤害。另外,在少雨多雾地区,这些毛还能够汇集露水供根部吸收,有利于仙人掌适应干旱的环境。

2.生命周期 食用仙人掌为多年生常绿植物,生命周期可达15~20年,株高1~3米。其生命周期可分为童期、成株期和衰老期。

(1)童期 包括生根发芽期和幼苗期,是仙人掌的幼龄阶段。

①生根发芽期:从种子播种到幼苗出土,或扦插繁殖插穗扦插至生根,为仙人掌发芽生根期。仙人掌种子在适宜的温度下,5~6天即可发芽,10天左右可以出土。生产中,仙人掌主要采用扦插繁殖,在适宜条件下,掌片扦插后一般10~15天后生根,20~25天发芽。

②幼苗期:从播种苗出土,到长成成熟的二级掌为止,为仙人掌的幼苗期,历时约6~8个月。生根发芽后的幼苗要及时移植,否则插床内幼苗密度过大,通气不良,易发生腐烂。再者由于养料的不足会影响幼苗的健壮指数。移植后的幼苗无需缓苗,从母片顶端刺座长出的2~3个新掌,称为二级掌。二级掌往往生长很快,经过2~3个月时间,其大小、厚度就能与母掌接近,但要发育成熟,大约需要6个月以上的时间,若经过冬季就需要8个月的时间。把二级(层)掌养好、养壮至关重要,此时,保持白天温度25~28℃,夜间20~22℃,保持一定的昼夜温差有利于干物质的积累。从二级掌长成至入冬前停止生长,为仙人掌的旺盛生长期。种苗长到6~8个月后,已形成了强大的根系和地上部分,每个种苗的2片二级掌大小已接近或超过母掌,以后由二级掌上发出三级掌。

(2)成株期 从二级掌长成至植株开始出现衰老为止,可长达10年以上,为仙人掌的成株期,也是主要采收生产期。

(3)衰老期 从植株开始出现衰老至自然死亡,为衰老期。一般人工栽培的仙人掌,不等进入衰老期就进行了更新。

3.生长发育周期 食用仙人掌生命周期包含多个生长发育周期,每年为1个生长发育周期,包括生长启始期、旺盛生长期、开花结果期和休眠期。

(1)生长启始期 当春季气温开始回升时,仙人掌进入生长启始期。

(2) 旺盛生长期　随着气温回升到仙人掌适宜生长温度范围,仙人掌进入旺盛生长期,也是采收期。一般以三级掌片生长20～30天时间就可采收,掌片长大约15厘米左右。旺盛生长期间要加强肥水管理,以保证高产、稳产。

(3) 开花结实期　二年以上的成株仙人掌,每年初夏气温升高,顶端掌片上形成花蕾并开花形成果实。仙人掌花期较短,一般为2天。花为两性花,且为虫媒花。由于花粉开放期与雌蕊感受期不一致,座果率低,产生的种子很少,因此大田生产很少采用有性繁殖,多用无性繁殖。开花结果期穿插于旺盛生长期间,食果仙人掌应促进开花结果,菜用仙人掌应及时摘除花蕾,避免开花结果与掌片生长竞争营养。

(4) 休眠期　冬季温度降低时,仙人掌停止生长,进入自然休眠期。依靠茎片中的水分和养分生活。此期间要注意保暖,防止受冻害,影响翌年春季的长势。一般最低温度控制在12℃或稍高一点。温度要尽可能保持平稳,不要忽高忽低。休眠期间仙人掌进行花芽分化,食用仙人掌花芽分化期较短,仅需40～50天。

4. 生理特点

(1) 光合生理特点　仙人掌以适应干旱环境的景天酸代谢途径同化二氧化碳,特点是夜间气孔开放,固定 二氧化碳,白天气孔关闭,利用前一个晚上固定的二氧化碳进行光合作用。这样既减少水分丢失,又能进行光合作用。在一定范围内,气温越低,二氧化碳固定的越多;温度越高,脱羧越快,光合作用进行越快。栽培上可利用这一特点,适当加大温室内的昼夜温差,并在晚上提高温室内的二氧化碳浓度,以加快仙人掌的生长。

(2) 水分利用特点　仙人掌对水分的利用充分表现出它对干旱环境的适应特性。它的茎部表皮有很厚的角质层,其表面又布满蜡质,气孔深埋在表皮凹陷的坑内,而且常常关闭,这些结构都

第三章 食用仙人掌

能有效地阻止水分的丢失。仙人掌类植物对水分的利用率高达4%～10%。

仙人掌茎部皮层以下组织的细胞中有一个充满水分的大液泡,占据细胞体积的85%～90%,能贮存大量的水分。同时,仙人掌体内含有很多由多聚糖和蛋白质组成的无色液体,多糖很容易降解为二碳糖,从而提高细胞液浓度,增加与水分的亲和能力和抗旱性。这种液体在仙人掌受伤时还可使伤口处迅速形成保护膜,既避免了水分散失又能防止病菌感染。由于刺座处就是生长点,细胞较小且排列致密,细胞内含物丰富,细胞质浓度高保水性强,所以当仙人掌受伤或气候极度干旱时,掌面上许多地方因相继失水变得干瘪塌陷,而刺座及其周围组织却相对失水较少,从外表看依然丰满,这样,生长点部位就不致因失水过多而受到伤害。

仙人掌不仅有极好的保水性,而且能够充分利用空气中的水分。有人做过实验,把一棵重37.5千克的仙人球放在室内,一直不浇水,过了6年仍然活着,而重量还有26.5千克。在干旱环境中,仙人掌还练就了"突击用水"的本领,当雨季来临时,仙人掌立刻用发达的根系迅速吸足水分并恢复生长;而旱季来临时,它就进入休眠期,使新陈代谢降到最低水平,以减少对水分的消耗。

仙人掌茎部含水量高达88%～95%,其渗透压远比其他沙生植物的低。所以,当土壤中可溶性盐类过多时,仙人掌就不能生存。因此,栽培上施肥时不可一次施入大量化肥,培养土中也不能混有过多的盐类物质。否则,根部水分将外渗造成植株萎蔫,影响仙人掌的生长。

5. 对生活条件的要求

(1)温度 仙人掌属于耐热性植物,生长适宜的温度,白天26～28℃最好,夜间16～18℃为宜。当温度降至15℃以下时生长减缓,降至10℃以下时停止生长,降至0℃时就有可能产生冻害。气温长时间降到12℃或持续超过35℃时会进入休眠。仙人

芦荟和食用仙人掌种植新技术

掌在生长季节喜欢较高的气温和较大的昼夜温差,这有利于生长和干物质的积累。仙人掌能耐高温,夏季高温期可进入休眠而增强适应性。冬季仙人掌在南方露地生长条件下有一段自然的冬眠;在北方温室栽培条件下,当隆冬时节来临时维持室内温度在8~12 ℃之间,并保持良好的光照达1个月时间,可以使仙人掌进行正常的冬眠,有利于第二年的生长。冬季无休眠则会影响翌年春季的长势。

(2)光照 食用仙人掌原产地光照很强,形成了喜光的特性。维持生长的最低光照强度约为2 500勒克斯,最适光照强度在1万勒克斯以上。在我国西南地区,仙人掌类植物分布较多,那里地势高,阳光强烈,阳光中的蓝紫光和紫外线多,对仙人掌的生长十分有利。我国北方广大地区由于纬度高,属长日照地区,同时,阳光中的蓝紫光和紫外线成分也较多,因此也适合仙人掌类植物的生长。需要注意的是,北方地区冬季日照时间大大缩短,这个季节对仙人掌的生长会产生不利影响,再加上北方冬季寒冷,温室和大棚防寒被一早一晚的卷放更缩短了日照时间。因此,北方温室冬季增加人工补光就显得十分必要。

此外,充足的光照对一些病、虫害能起到明显的抑制作用,阳光中的紫外线能杀灭某些病菌。冬季仙人掌休眠阶段,充足的光照有助于仙人掌的安全越冬。

(3)水分 仙人掌属于沙生耐旱植物,但也需要一定的空气湿度才能维持正常生长。如果空气过于干燥,仙人掌失水太多,会影响正常生长,同时,还容易引起红蜘蛛等虫害发生;如果空气过于潮湿,又容易使病菌繁殖蔓延,使仙人掌地上部分的伤口受到感染甚至发生腐烂和霉变。将空气相对湿度控制在40%~50%对仙人掌的生长最为有利,此湿度下仙人掌生长速度较快而且健壮。当室内空气相对湿度超过65%时需要及时强制通风。

仙人掌生长期间土壤水分以表层2厘米以下的土壤含水量控

制在12%～18%为宜。在干旱季节适当补充水分有利于生长,水分过多不利于根系发育甚至烂根。

(4)土壤　仙人掌对土壤的适应能力极强,耐瘠薄,但以沙土、荒漠草原土和红壤为宜,土壤肥力以达到中等或偏上较好,施入腐熟的有机肥能促进仙人掌的生长。忌盐碱地。

(5)空气　仙人掌喜欢干爽、清新的空气。由于仙人掌是多肉植物,扁平的掌状茎中富含水分和营养物质,在生长过程中易受划伤或刺伤,空气污浊、烟尘过大或湿度过高都容易导致仙人掌患病或腐烂。

(四)食用仙人掌的营养价值

1. 主要化学成分和营养成分　食用仙人掌含有多种较为复杂的化学成分和多种营养成分,主要有有机酸类、甾醇类、生物碱类、黄酮类、糖类、萜类、氨基酸类等。

(1)有机酸类　在食用仙人掌的茎、花及果实中,含有大量的有机酸类,如亚油酸、月桂酸、棕榈酸、硬脂酸、油酸、抗坏血酸、苹果酸、琥珀酸、番石榴酸和柠檬酸等。由于提取的方法和条件不同,所得到酸的种类和含量也不同,而且不同的部位其含量也有各异。

(2)甾醇类　食用仙人掌植物中含有的甾醇类主要有β-谷甾醇、芸苔甾醇、花粉甾醇、豆甾醇等,有的已被提取分离出来,而有的尚未被分离出来。

(3)生物碱类　生物碱是生物体内一类含氮的具有显著生理活性的有机碱性化合物。大多存在于植物中,故又称为植物碱。生物碱广泛应用于医药中,是植物有效成分中研究得最多的一种,现已应用于临床的生物碱达100种以上。食用仙人掌植物中含有较多的生物碱类,并且含量较高,主要为甜菜甙元、异甜菜甙元、甜菜宁、异甜菜宁、胆碱、酪胺、N-甲基酪胺、3-甲氧基酪胺、β-苯乙胺等。

(4)黄酮类 黄酮类化合物主要分布在食用仙人掌的花及果实中,主要类型有:黄酮及其甙类,如木犀素、栎素、异栎素、栎精、栎精-3-芸香糖甙、异鼠李亭-3-葡萄糖甙、异鼠李亭-3-鼠李半乳糖甙;黄酮醇及其甙类,如山奈酚、3-羟基-5,7,3′,4′-四甲氧基黄酮、山奈酚-3-葡萄糖甙、山奈酚-3-半乳糖甙等。

(5)糖类 仙人掌中糖类主要存在于茎的粘液质中,多糖多数由鼠李糖、果糖、半乳糖、木糖、阿拉伯糖、蔗糖及糖醛酸等聚合而成。每100克食用仙人掌(鲜重)含总糖7100毫克,属于低糖食品。

最近研究从仙人掌成熟的果实中提取到一种天然食用色素,其主要成分为甜菜花青素、甜菜甙,色素含量与果实成熟度有关,表皮青而饱满的果实为预熟果,果汁色素含量2.0%~2.5%,表皮深红为成熟果,果汁色素含量可达2.8%~3.5%。

(6)氨基酸 仙人掌中含有12种人体必需氨基酸中的10种,且含量较高,从十几到二十几毫克/100克,这也正是它对人类健康的价值所在。

(7)维生素 仙人掌每100克鲜重含维生素A 0.22毫克,超过了番茄40%;维生素C含量为15.9~20.9毫克,超过了梨和桃。此外,还含有维生素B_1和维生素B_2。食用200克仙人掌,就能满足正常人一天维生素需要量的50%。

(8)微量元素 仙人掌每100克鲜重含钙310毫克、镁110毫克、铁4毫克,比粮食、蔬菜、水果和鱼、肉、蛋都高,铜、锌含量和鱼、肉、蛋及其他水果、蔬菜接近。

(9)脂肪 食用仙人掌脂肪含量较少,每100克(鲜重)仅含脂肪210毫克,因而属于低脂肪保健食品。

※从仙人掌的营养成分(表3-1)不难看出,仙人掌含有各类营养物质,特别是含有较多的氨基酸、维生素和微量元素等,营养比较丰富而全面,且大部分都处于适宜范围之内。同时,仙人掌还具有低脂肪、低热量(每100克仙人掌仅产生热量25~30千卡,即

100～130 焦耳)、粗纤维丰富和不含草酸等特点,从营养学角度来看,仙人掌对人体特别是对广大青少年的身体和智力发育,以及中老年的身体健康都十分有益,因而是一个较为理想的绿色保健植物食品。

表 3-1 食用仙人掌的主要营养成分

成分	含量(mg/100g)	成分	含量(mg/100g)
蛋白质	750～1300	维生素 A	0.22
脂肪	210	维生素 B_1	0.02～0.04
总糖	7100	维生素 B_2	0.01～0.03
天门冬氨酸	5.44	维生素 C	15.9～20.9
谷氨酸	59.53	钾	317.1
丝氨酸	3.23	钙	310
组氨酸	23.75	镁	110
甘氨酸	7.70	铁	4.0
精氨酸	25.16	锌	0.71
苏氨酸	17.97	铜	0.136
丙氨酸	26.88	钴	0.1
脯氨酸	4.98	镍	0.1
酪氨酸	22.50	钼	0.04
缬氨酸	29.06	磷	17.0
蛋氨酸	9.30	硒	0.001
胱氨酸	2.47	柠檬酸	适量
亮氨酸	36.41	苹果酸	适量
异亮氨酸	22.19	琥珀酸	适量
苯丙氨酸	20.94	酒石酸	适量
赖氨酸	18.28	粗纤维	丰富

2. 保健价值　早在公元前 3000 年,仙人掌的药用价值已被印第安人认识并利用。有关其药理作用、使用方法等在墨西哥古药典上有 100 多种记载。对其保健作用的大规模深入研究则是从近十几年开始的。目前已确定的保健功能主要有以下方面:

(1) 抑菌、抗炎作用　仙人掌煎液对急性炎症和慢性炎症均有明显抑制作用。

(2) 免疫作用　用仙人掌水提取液对小白鼠巨噬细胞吞噬功能影响进行实验证明,仙人掌具有免疫作用,而且对唾液淀粉酶有激活作用,临床上可作健胃滋补剂,补脾治胃痛。

(3) 降血糖作用　※仙人掌提取物能明显降低正常小白鼠和四氧嘧啶诱发糖尿病小鼠的血糖,而且其降血糖作用与给药剂量有关。中国医学科学院药用植物研究所进行的降糖和降脂两项药效实验也表明,仙人掌有一定的降糖作用和较明显的降低血胆固醇和甘油含量的作用。

(4) 镇痛作用　对小鼠镇痛作用的强度实验表明,仙人掌具有明显的镇痛作用。但它镇痛的有效成分到底是三萜皂甙类还是其它物质,需进一步研究。

(5) 抗癌作用　经过部分药理实验证明,仙人掌科的仙人球有明显的抑瘤作用。复方仙人球灌胃给药对肺癌小鼠实体瘤的生长有明显的抑制作用,抑瘤率在 30% 左右,且能延长荷瘤小鼠的生存期,对白细胞无明显影响。体外对人肺腺癌 SPC－A－1 细胞实验表明,无论直接给药或含药血清均能降低瘤细胞的存活比率。仙人掌提取物,特别是从根部提取出的"角蒂仙"等成分,有防止癌细胞扩散和转移的作用。海内外有关以仙人掌为主要成分防治癌症的临床报告和方剂已有不少,涉及的癌症种类达 10 余种,如食管癌、胃癌、贲门癌、肠癌、乳腺癌、子宫颈癌、鼻咽癌、皮肤癌等。

(6) 抗溃疡作用　仙人掌对大鼠应激型、消炎痛型、醋酸型、结扎幽门型胃溃疡结有明显的抗溃疡作用。

(7) 其他作用 脂质过氧化物在人体内的沉积能够损伤肝脏、肾脏和血管,从而引起多种疾病,而食用仙人掌提取物能抑制过氧化物的形成。

(五) 我国食用仙人掌产业的现状及前景

1. 现状 国家农业部优质农产品开发服务中心1997年从墨西哥引种食用仙人掌,在我国南方和北方建立基地种植发展,现在各地基本上都已有食用仙人掌的生产销售,尤其在宾馆、饭店的菜谱上均属高档保健蔬菜,大众餐桌上的仙人掌美味佳肴也日渐增多。以仙人掌为原料的各种食品和加工品也不断面世,食用仙人掌正渐渐为人们所认识和接受。

但是,我国食用仙人掌的栽培还很零散,未形成规模;食用仙人掌的消费量还很有限。而墨西哥1996年人工种植食用仙人掌就达7.75万公顷,其中菜用仙人掌的栽培面积为6.7万公顷。

2. 食用仙人掌的前景 ※近几年来,随着市场经济的飞速发展和物质生活水平的不断提高,老百姓的菜篮子也日渐丰富,已不满足现有的品种,饮食结构向着营养和保健方面转化,更有一些消费者有一种猎奇的心理,追求一些新奇特的菜品。特别是现代社会的肥胖、高血压、高血脂、高血糖、冠心病这"五联综合症"的高发生率,更是呼吁天然、营养、保健、绿色的健康食品走进人们的生活。食用仙人掌就是天然保健蔬菜之一。"药食同源",人们在享用食用仙人掌美味的同时,可以防病、祛病、强身、健身。

农业产业结构的调整使食用仙人掌的需求大增。随着农业高新技术的飞速发展和市场竞争的日趋激烈,传统的大路产品已进入了供大于求的买方市场,调整种植业结构,引进具有市场竞争力的食用仙人掌正符合了优质、高产、高效现代农业发展的方向。

再者,发展可持续性农业要求我们利用未开发的资源。我国是一个大国,同时又是个人均资源占有匮乏国。我国人均水资源

芦荟和食用仙人掌种植新技术

占有量只占世界人均占有量的1/4,耕地人均占有量只有世界的1/30。而且水资源分布十分不均。在云南、贵州、四川、广西、海南、广东、福建等温暖省区都有大片干旱、半干旱地区,我国北方更是干旱少雨。食用仙人掌属耐旱植物,其开发潜力很大。

二、食用仙人掌的繁殖技术

食用仙人掌的繁殖方式分无性繁殖和有性繁殖两大类。

(一)无性繁殖

无性繁殖也称营养繁殖,是仙人掌类最常用的繁殖方法。包括利用营养器官(或其一部分),或利用花、果的非生殖细胞部分进行繁殖;利用组织、细胞、原生质体甚至细胞器的离体培养进行繁殖;利用孤雌生殖、孤雄生殖进行繁殖或利用胚珠、花粉进行离体培养繁殖。

无性繁殖的优缺点都比较明显。优点是可以保持母体的优良性状,常规的无性繁殖简单实用,组织和细胞培养繁殖系数高,幼苗整齐一致。无性繁殖的缺点是,繁殖速度较慢,经过多代无性繁殖后易发生生命力退化现象。

仙人掌类植物比较常用的无性繁殖方法是扦插繁殖和组织培养繁殖。

1. 扦插繁殖　扦插繁殖是最常见的无性繁殖方法,可利用掌片(叶状茎)、茎段(掌片小块)和根段进行扦插。

(1)插穗的选择　※插穗选取时必须考虑成活率,同时兼顾采穗母株的生长情况和株型。食用仙人掌可以直接选取茎节进行扦插,但所有插穗应充实。在母株上选取肥厚、生长健壮、无病虫害的掌片,所选掌片的生长期要在一年以上才能种植,否则它本身不老化,也就是说木质部没有形成,容易造成腐烂。规定长度大约在20厘米以上,0.8厘米厚。

(2)插床和基质的准备　插床可因地制宜,其宽度和长度以方便作业为原则。为利于插穗迅速生根,最好设置温床。电热温床设置是在扦插床底部敷设间距为15厘米左右的电热线或电热棒,可使基质温度比气温高3～6℃;酿热温床是在扦插床底部铺一层10～15厘米厚的马粪层。电热线和马粪层上面铺一层15厘米厚的培养土,然后在培养土上再铺一层扦插基质。

扦插基质一般要求疏松通气,不含未腐熟的有机质,不含盐分。常用的扦插基质有河沙、蛭石、珍珠岩、素沙土、砻糠灰、锯末等,也可采用沙土:蛭石:珍珠岩(1:1:1)的复合基质。无论哪种基质都必须干净、颗粒均匀、大小适中。基质的厚度要根据扦插材料的大小来决定。材料越大基质层越厚,材料小的基质层就薄。

(3)扦插时期　只要环境温度和基质温度能满足生根条件,扦插随时都可以进行。食用仙人掌插穗在20～25℃的温度下最易生根,最合适的扦插时期一般是当气温达到25～32℃时进行扦插。

通常选择植株生长初期和中期扦插较为合适,休眠期和半休眠期不要扦插。在生长后期扦插也不理想,虽能生根,但移植后生长困难,休眠期的管理也不容易。一般以4月中旬至6月上旬扦插最为适宜,此时气温达到20℃以上,地温回升,生根迅速。江南梅雨期,保护地栽培的食用仙人掌由于空气的相对湿度比较大,霉菌多,伤口不易干燥,不宜进行扦插。

(4)扦插技术　扦插繁殖时,整个掌片都要进行消毒处理。为了减少病害,可用整个掌片扦插,扦插的方向以掌面面向东西方向为宜,这样两面受光均匀,有利于光合作用。扦插深度根据掌片大小决定,一般以2/3的掌面露出床面为宜,要保持种苗的直立不倒。

为了扩大繁殖系数,有时需将整个掌片切成若干小块进行扦插,每个小块上发出的新芽其生长速度虽不及整个掌片的新芽迅速,但繁殖系数高。掌片切割时,先用酒精棉把刀口擦拭干净,再沿着刺座排列方向的间隙将掌片切成若干小块。切成的小块不宜过小,以不小于 6 厘米见方为宜,每个小块上都必须保留有几个刺座,太小了不易成活;或即使勉强成活,发出的新掌也纤细衰弱。切割完毕,要立即将掌块置于阳光充足、通风良好处晾晒 4 天左右,直至切口全部完全愈合为止。切块的扦插深度以插入基质4/5左右为宜,地表仅露出掌块顶部即可,这样可使掌块基部能接触到潮湿的基质,有利于生根。

扦插密度以掌面之间留 5 厘米左右的空隙,行距 4 厘米左右,邻行的掌块按"品"字形排列为宜,有利于空气流通。

(5) 扦插后的管理　要使插穗尽快生根成活,除插穗本身壮实、选择的基质和扦插时间方法等外,生根期的管理也很重要,它包括温度、基质水分、空气湿度和通风、光照几个方面的调节。

扦插后,基质和土壤要保持适度潮湿,不可过干或过湿,过湿会造成插穗腐烂。保护地栽培的空气湿度也不宜过大,温度应尽可能保持在生根最适温度范围内,可以用通风、遮荫或加温的手段调节。光照应比一般栽培植株减一半,随着根的形成、生长,光照可逐步增加。

一般扦插后 15 天左右,大部分掌块开始发根,新根的长度不超过 1 厘米时即可拔出定植。

插穗生根后多数情况下能生长成健壮的新株,但有时已生根的插穗又发生腐烂。原因大致有:

①生根后没有及时移植。扦插基质内缺乏养料,插穗生根时体内物质大量消耗,生根后吸水体积增加,降低了体液浓度,造成抵抗力下降。插床内插穗密度高,通气不良,湿度又较大,基质内氧气不足,而细菌则很易繁殖,这样使插穗由于窒息或发病腐烂。因此,插穗生根后应尽快移植。②移植时培养土没有消毒或混有未腐熟的有机物,发酵造成烧根,进而发生腐烂。③扦插时使用的

沙不纯或颗粒太细,而造成板结,使根不能扎入培养土中;或者由于沙掩盖了培养土,不易掌握土壤湿度,过多浇水造成烂根。④移植后过早施肥,导致腐烂。

2. 组织培养繁殖　组织培养繁殖是指把植物的某一部分组织(外植体)经过消毒处理,在含有营养基质的培养器皿里进行无菌培养,使其直接生芽、生根,或经过一系列的生长、分化而形成新的幼苗。培养用的外植体材料范围比较广泛,可以是叶、芽、花、根、幼胚、茎的整个器官,也可以是单细胞、原生质体等。植物组织培养技术已被广泛应用于植物的快速繁育。

从事组织培养,需要建立一套专门的实验室,包括洗涤、试剂配制、灭菌的准备室,接种的无菌操作室,光照和温度可调控的培养室,鉴定室,栽培室及遮阳网育苗棚等。

(1)培养基及其配制　植物组织培养的培养基有 MS、WPM、H、BN 等多种。经过研究,MS 培养基比较适用于仙人掌。

配制时首先将大量元素、微量元素、维生素及铁盐等配成母液。再将母液按顺序用吸管或量筒取出混合在一起,加入到已溶化好的琼脂及蔗糖液中,再加入定量水和激素后即可分装到试管或三角瓶或培养瓶中,灭菌后使用。

(2)外植体的取材　仙人掌的掌面上的刺座都存在潜伏态的生长点,这些生长点是仙人掌组织培养繁殖的适宜外植体。取材最好在春季进行,因为这个季节材料比较容易分化;夏、秋两季特别是冬季都不能或不适宜取材。实验证明,成熟的掌片较难消毒,污染率高,所以要选用幼嫩的掌片进行培养。

(3)外植体消毒　仙人掌的掌片大,消毒时可先切下接种所需部分,用干净的毛巾蘸水把掌面擦拭干净,不留灰尘和其它不洁之物;再把仙人掌放在超净工作台上用棉球蘸双氧水擦拭掌面;然后用70%的酒精再擦拭一遍。也可以用75%酒精浸泡30秒,再用2%的 NaClO 灭菌 25 分钟或 75%酒精漂洗 30 秒,无菌水漂洗 1

次,0.1% $HgCl_2$ 消毒液浸泡 5~8 分钟,无菌水漂洗 5~6 次等方法消毒。消毒灭菌要求既不伤害外植体,又能彻底消毒。消毒后,把掌片放在灭过菌的培养器皿中备用。

(4)接种和分化培养　接种在无菌操作室进行。接种前,先要用解剖刀把仙人掌刺座及周围的表面削除干净,接着用刀尖仔细剜出刺座,把刺座接种在诱导分化的培养基上,把培养器皿放在培养架上进行光照培养。用日光灯补充照明,每天照光 13 个小时左右,光照强度保持在 1 500~2 000 勒。培养室温度不分昼夜,控制在 18~25 ℃之间。

初代培养的 MS 培养基一般为基本培养基,补加的激素成分为 6-苄基氨基嘌呤(BA)2.0 毫克/升,萘乙酸(NAA)0.1 毫克/升,附加 3%的蔗糖,0.7%的琼脂(不同厂家及批次琼脂用量不同)。培养基的 pH 值为 5.8。

(5)继代增殖培养　继代增殖培养和诱导分化培养基的组成大致相同,区别只是把激素的浓度水平调整一下。MS 培养基的激素水平变为 6-苄基氨基嘌呤(BA)1.0 毫克/升,萘乙酸(NAA)0.3 毫克/升,细胞分裂素(KT)0.3 毫克/升。在接种室将分化培养好的仙人掌材料转接到配制好的继代增殖培养基上,光照强度一定要保证或者超过 2000 勒克斯,如果光照强度不足,可能会导致形成玻璃苗,影响正常生长。

实际上,仙人掌在分化阶段的诱导率是比较低的,尤其是它的初期分化芽生长特别缓慢,到了继代增殖培养阶段生长速度才比较快。除了个别品种,如"墨西哥皇后Ⅱ"的月增殖系数为 2.5~2.8 比较低外,其它品种像"墨西哥皇后Ⅰ"和"墨西哥金字塔"等品种的月增殖系数都能够达到 3.5~3.8。

(6)生根培养　仙人掌的生根培养采用不含细胞分裂素的基本培养基,培养基组成为 1/2MS＋吲哚丁酸(IBA)0.1 毫克/升＋萘乙酸(NAA)0.1 毫克/升。把增殖培养的试管仙人掌单棵苗在接种室转入生根培养基后,再放到培养室培养,大约经过半个月时间就会有95%左右的试管苗生根,生根七八天后便可以进行移栽。

(7)炼苗移栽 试管苗移栽前,要先打开瓶塞炼苗3天,再把幼苗转入装有按1∶1比例用草炭土和蛭石配制的营养钵中。移苗后要在7天内保持空气相对湿度在60%~70%,2次喷施0.1%的波尔多液,这样幼苗的成活率将会提高到95%。

为了简化培养程序,还可以把试管生根培养这一步省略。也就是说无根试管苗繁殖到一定数量后,炼苗3天直接把无根苗转移到苗盘中。苗盘里的基质是蛭石、珍珠岩或消过毒的沙土。移好苗后,要把苗盘放在光线充足而无直射光线的地方,用塑料薄膜覆盖半个月时间,保持空气相对湿度。在塑料薄膜覆盖的半个月内,每天都要揭开塑料膜通气3~4次,每次的换气时间逐渐由短变长,一直到半月后去掉塑料薄膜。移苗半个月后,生根率能够达到90%以上。此后便慢慢过渡到正常管理。

(二)有性繁殖

有性繁殖也就是播种繁殖。仙人掌类植株在原产地多开花结籽。但栽培上有些种类因成熟年龄较晚,通常不易开花,或因环境条件和栽培措施不能满足要求而不开花或开花不结籽。因此,在生产中食用仙人掌很少利用播种繁殖。

食用仙人掌属于自花授精的植物种类。开花后不久后坐果,果实为浆果,果实成熟后及时采收,洗去果肉,将种子晒干收藏备用。

1. 种子消毒和催芽

(1)消毒 消毒的药剂的不同,消毒的时间和方法也不同。可用0.3%硫酸铜溶液或1%福尔马林溶液浸泡种子5分钟,然后取出种子用清水浸泡,待种子稍膨胀即可。也可用次氯酸钙消毒,先将18克次氯酸钙中加150毫升蒸馏水,待药完全溶解后放入种子,消毒剂必须完全浸没种子,数分钟后即可。

(2)催芽 食用仙人掌种子来源少,直播发芽比较困难,一般催芽播种效果较好。具体做法是,消毒后的种子用湿纱布包起来置于一个容器中,放在温暖(25℃左右)处5~6天即可发芽。注意催芽期间,每天把纱布打开几次,给种子透气,并用清水冲洗种子表面的粘液,以防种子呼吸不畅发酵致死;食用仙人掌种子为不需光型种子,催芽可在黑暗中进行,待种子出芽后即可播种。

2. 播种

(1)播种基质 播种用的基质要求较高,要精心准备。可取用纯净的河沙、素沙土、纯腐叶土、腐叶土混草木灰、腐叶土混沙和火山灰等,单独使用或混合使用。纯沙子消毒容易,但保水性差,出苗后须立即移植,因此很少用;其他几种都经常使用。土要严格消毒,一般用药物消毒或热力消毒。

(2)播种时期 播种的最佳时期是春天和秋天。条件好的温室春播在4月上中旬进行,而大棚和露地栽培可在4月下旬以后播种。秋播都应在9月上中旬进行。播种时的天气以晴好为主,昼夜温差大,不但出苗快,而且幼苗生长也较快。同时在梅雨高温和严冬来临之前,都有较充裕的生长时间,使幼苗长到一定大小,从而增强对不良环境的抵抗力。具体播种日期,应根据天气情况,尽量避免播种后连续阴雨天,因阴雨天昼夜几乎没有温差,出苗不整齐,且出苗率下降;梅雨高温天气昼夜温差小,细菌繁殖快,尽量不要播种。

3. 苗期管理

(1)温度管理 根据季节分3个阶段控制。春秋季温度控制大致和成年植株相同,保持足够的生长温度和较大的昼夜温差即可;盛夏半休眠阶段,应加强通风遮荫,降低温度;越冬阶段,冬季和成年植株不同,因幼苗阶段休眠不明显,所以温度一般不应低于12℃。

(2)湿度管理　苗床的土壤应经常保持湿润而又不太潮湿,即使是冬季也不能使土壤表面干燥发白。温室和大棚内的苗子要经常通风。

(3)光照管理　光照不能太强,否则幼苗呈暗红色,生长停滞。应保持充足时间的中等强度光照。

(4)其他管理　苗期应注意除草,防止腐烂病和害虫啃食子叶及幼苗。

芦荟和食用仙人掌种植新技术

第四章
食用仙人掌的栽培技术

一、食用仙人掌家庭盆栽技术

食用仙人掌既可食用,又可观赏,因而很适合家庭室内盆栽。

(一)选盆

花盆从质地来区分,可分成7大类型百余个品种。不同质地的花盆对食用仙人掌的生长发育有不同的影响。适合仙人掌生长的花盆有以下4种:

1. 瓦盆　用泥烧制而成。该类花盆透气透水性好,非常适合食用仙人掌根系生长,且价格便宜。其缺陷是制作比较粗糙,不适宜直接在厅堂、居室等醒目位置摆放,如在庭院、阳台栽培,倒是颇为理想。

2. 陶盆　也称紫砂盆,是我国特有的实用工艺品,产自江苏宜兴。该类花盆精美雅致,款式、色彩多种多样,透气性较好,价格

第四章 食用仙人掌的栽培技术

适中,是家庭盆栽食用仙人掌的最佳盆体。

3. 瓷盆　用瓷泥烧制而成。该类花盆造型多样,款式齐全,色彩丰富,外壁上有彩釉,明亮光洁,做工精美,有较高的观赏价值。其不足之处是透气透水性差,价格昂贵,适合在机关、会场以及宾馆大堂内摆放。如果用泥瓦盆栽好食用仙人掌,再套在瓷盆内,既有利于仙人掌生长,又可获得理想的摆放效果。

4. 塑料盆　塑料盆是目前使用比较广泛的盆体。其特点是重量轻、易搬运、价格低。缺陷是不通气不透水、容易老化,使用寿命短,对食用仙人掌的根系发育有一定的影响。

(二) 盆土及其配制

1. 仙人掌对盆土的要求　盆土是仙人掌植株赖以生存的物质基础,是养分、水分和空气(根部呼吸)供给的来源。盆土质量的优劣对盆栽食用仙人掌生长影响很大。为了提高盆栽食用仙人掌的观赏价值,增加新鲜食用嫩片的持续供应,促进盆栽食用仙人掌健康生长,通常要根据食用仙人掌在室内生长过程中对各种营养物质的需要,人为地进行盆土优化配制,以协调盆体中水、肥、气、热等各种因素的关系。

配制盆土应考虑以下几个方面的因素:

第一,盆栽食用仙人掌在生长过程中,其根系要进行呼吸活动,呼吸活动需要氧气,而氧气的供应则来源于新鲜空气。如盆土透气过度,往往会造成水分和养分过快流失;但盆土透气不良,土壤中氧气供应就不足,CO_2增多,会造成根部呼吸困难、窒息,甚至腐烂。

第二,盆土应富含有机质。有机质含量高的盆土,肥力高,肥效长,保水、保肥性能好,并可在仙人掌植株生长过程中均衡地释放各种所需的营养元素,促进食用仙人掌的正常生长。

第三,盆土的土质应疏松。土壤的团粒结构不宜过紧,尤其是避免粉状细土混入。仙人掌类植物的根部对缺氧非常敏感,疏松土壤有利于通气透水。团粒结构过紧或粉状土壤,空隙小,含气量少,不利于根部发育。另外,粉状土质粒细,土壤总表面积大,吸收水分多,当浇水过少时,常常渗透不到下层盆土,而一旦浇水过多,又不易排出,持水时间过长,易腐烂,还会将本来就过少的空气挤出土外,特别容易造成根部缺氧。

第四,盆土要有适宜的酸碱度。食用仙人掌喜欢在中性或微酸的土壤环境中生长,最适宜的土壤pH值应在6~7左右。

2. 盆土常用材料　配制食用仙人掌盆土常用的材料有3大类,即自然土壤类、天然材料类和人工材料类等。通常是按照一定的比例在自然土壤中掺加一些天然材料或人工材料,经混合搅拌形成新的复合基质。

(1)自然土壤　自然土壤根据其质地大小,分为沙土、黏土和壤土3种。

(2)天然材料　包括腐殖土、泥炭土、木屑、河沙、熟煤灰、腐草土、园土、锯屑等。

(3)人工材料

①蛭石:经高温处理后形成的云母状物质,具有空隙多,质地轻、保水透气性好,无菌等特点,呈中性或偏碱性,缺乏肥力,不宜作长期的盆栽基质,可将其撒在盆土表面,既保湿,又卫生。②珍珠岩:它是天然铝硅化物,是将岩浆岩加热到1 000℃以上形成的膨胀材料,质地轻,具有很强的排水性,不含任何肥料成份,仅用作盆土物理性状的改进剂。③骨粉、过磷酸钙:作为基肥混入盆土中,用量不宜太多,加入后能促进食用仙人掌植株健壮生长。

配制盆土的材料种类很多,在具体使用时,应根据仙人掌的习性要求、栽培习惯及当地取材方便与否,选择其中几种配制即可。

3. 盆土配制　常用的盆土配方有以下5种,可以选用。

(1)腐殖土4份,田园壤土4份,河沙2份。

(2)腐殖土4份,田园壤土4份,木屑或熟煤灰2份。该配方的特点是用木屑代替河沙,重量轻,便于搬运;保水性和保肥性好;木屑的养分缓慢分解,对食用仙人掌生长十分有利。但需要指出的是木屑在使用前要经堆积发酵后方可使用。

(3)黏土3份,河沙5份,腐殖土2份,也可用炉灰、煤球灰等。

(4)腐叶土4份,泥炭土2份,粗沙3份,腐熟有机肥料1份。

(5)腐殖土3份,园土2份,河沙4份,腐熟有机肥料1份。

4. 盆土消毒　盆土配制成后,要进行消毒处理,以防盆土中可能存在的虫卵或病菌的滋生蔓延。常用的消毒方法有以下几种:

(1)曝晒消毒　在夏季,将配制好的盆土,薄薄地摊在水泥地上,让太阳直接曝晒3~4天,可以达到灭菌杀虫的目的。

(2)烘烤消毒　将配制好的盆土放在锅里,上火后用铁铲翻炒,直至土壤升至高温烫手时为止,一般加温20~30分钟即可。

(3)药剂消毒　上盆前,用0.3%高锰酸钾或40%福尔马林药液均匀喷洒盆土,然后用塑料薄膜密封盖平,闷2天后打开,再晾晒1~2天,药液挥发后即可上盆。

(三)上盆

将食用仙人掌种片或植株移入花盆的过程称为上盆。上盆应把握好2个环节,一个是上盆时间,另一个是上盆方法。

1. 上盆时间　食用仙人掌生长发育对温度的要求较为敏感,因此,上盆时间最好在春、秋两季。春季以植株休眠已过,幼芽刚开始萌动,室内气温达到20 ℃左右为宜,一般4~5月份较为合适。秋季以9~10月份最为理想。夏季高温酷暑时不宜上盆。

2. 上盆方法　上盆前要选择好口径大小和深浅适宜的花盆,如是新盆先要用水浸透,这称作"退火";旧盆往往有水滞杂物虫卵和含碱性物质,要在水中浸泡几小时,刷洗干净再用。

上盆时,先在盆底放些碎瓦片、碎石子、木炭块或铺上1~3厘米厚的河沙,再填上适量的盆土,然后将食用仙人掌种片或幼株放在盆中央,再向盆中添加准备好的盆土,边填土边将幼株轻轻向上提,再微微压实,使根系或茎片与盆土紧密接触,盆土填至距盆沿2~3厘米左右。上盆时要尽量将种片或幼苗扶正。上盆用土要求湿润,即一捏成团,一搓就散。上盆后宜放在避风半荫处养护,暂不浇水,如天气较干燥可随时喷水保苗,一般应在3~5天后再浇透水,以防根部腐烂萎缩。

(四)翻盆

在一定时间内更换盆土的过程称为翻盆,是盆栽食用仙人掌管理的一个重要环节。翻盆的目的,一是换土,即剔除旧土,换上适合仙人掌习性的新盆土,并加上基肥,整理根系,剪除枯根、烂根和过长须根;二是扩大盆径,即更换盆径较大的花盆,以保证根系有足够的生长空间。

1. 翻盆时间　春、秋两季均可进行,春季4~5月份、秋季9~10月份为宜,休眠期不宜进行。翻盆的次数以每年1次最合适。

2. 翻盆方法　①提前准备好口径较大的花盆和新的盆土;②翻盆时,原盆土不能过干或过湿,宜稍干(如土较湿润,前两天不浇水),以土能与盆壁松开为好,易于翻盆;③脱盆时,用一只手的食指和中指夹住植株的基部,手掌紧贴盆土面,另一只手托起盆底翻过来,使盆底朝天,并用手掌拍打盆的外壁,盆土和盆壁就会自然分开,根团就会全部脱出;④脱盆后要小心抖去旧土,剪除烂根、枯根和过长的须根,凡有病菌和虫害侵染的根应全部剪去。经修剪后的植株,依前述方法,移入新的花盆中,然后浇透水,放在遮阴处养护10天左右,即可恢复正常生长;⑤翻盆后的植株在1~2个月之内不要施肥,待植株进入生长旺盛后再施肥。

(五)管理

1. 浇水　盆栽食用仙人掌在不同的季节和不同的生长期对水分的需求量是不相同的。一般来说,4~9月需水量最大;进入冬季后,由于气温较低,仙人掌生长受到抑制,应尽量少浇水,大约

第四章 食用仙人掌的栽培技术

每隔20天左右浇一次水,浇水的时间以气温较高的中午为宜,如室内比较干燥,可采用叶面喷水,以保持茎片翠绿;植株进入休眠期后,可不浇水。

春季随着气温的升高,可适当增加浇水次数,一般不干不浇,浇则浇透。当气温上升至20 ℃左右时,一般7~10天浇1次为宜。

夏季气温高,蒸发量大,生长旺盛,是食用仙人掌需水量最大的季节,一般每隔3~5天就需浇水1次。当气温上升到30 ℃以上时,为了保持茎片膨压,增加观赏性,每天早晚最好向仙人掌茎片喷水1~2次。另外,夏季仙人掌植株应尽量避免暴雨的冲击和连续降雨的侵袭,如盆中长时间浸水,再经高温曝晒,极易引发各种病虫害发生。

秋季的浇水要求和春季差不多,要使盆土有干有湿,宁可少浇一些,待盆土缺水后再进行补浇,而千万不要使盆土长期处于水分过饱和状态,以防根部长时间缺氧造成植株死亡。

盆栽浇水还要注意水温和水质。一般用水不能含盐,也不能含过多钙镁离子和其他有害化学物质。水呈中性或微酸性,用自来水浇最好是放两天再使用。另外,浇水时最好和室内气温接近,北方寒冷地区盆栽食用仙人掌更需注意。

2. 施肥　盆栽施肥与大田栽培一样,有基肥和追肥两种方式。基肥在植株移入花盆前或翻盆时施入盆土中,基肥以长效有机肥料为主,多用干肥。追肥则是在生长发育期进行,通常以各种速效化学肥料为主,有固态肥,也有液态肥。固态肥作根部追肥,液态肥作叶面喷肥,也可作根部追肥用。施肥对盆栽食用仙人掌的观赏性和食用性影响很大,因此,必须要做到合理施肥,即适时、适量、适当施肥。

3. 越冬管理　食用仙人掌是一种热带植物,对低温的抵御能力较差。当温度降至15 ℃以下时生长减缓,降至10 ℃以下时生长停止,遇到霜冻就会发生冷害或冻害。因此,在我国大部分地区,越冬防寒管理十分重要。

常见的防寒保温措施有以下几种:

①在比较温暖的地区,冬季室温保持在10℃以上,只要将盆栽食用仙人掌移到室内,放在能见到阳光的窗台上就可安全越冬;②在比较寒冷的地区,如室内有暖气供应,一般就可满足盆栽食用仙人掌的越冬要求了。但要注意,千万不可将盆栽食用仙人掌直接置于暖气散热片上,以免烫伤根系。应在暖气片上放一块木板,再将花盆放在木板上,就比较安全了。烧煤来加热取暖的地区,应注意通风透气,一氧化碳、二氧化碳等有害气体对植株产生不良影响。③如室内温度不能稳定地保证盆栽食用仙人掌最低温度要求时,可采取给植株罩塑料袋的办法来提高温度。具体办法是用铁丝或细竹片在花盆沿边扎一个拱圆支架,用塑料袋套上,将仙人掌和盆一起包住,待温度提高时,再将塑料袋取下。但要注意,套袋时间不宜过长,以保证通风换气。④如家住平房或底楼,可在向阳背风的院子里挖一个长方形的坑穴(地堂子),其大小视植株大小和数量多少而定。挖好后,把盆栽食用仙人掌放入坑内,上面用竹片架好,铺上双层塑料薄膜密封。中午太阳好时,将薄膜揭开,进行通风换气,夜间上面加盖棉被或草帘。在寒冷的东北地区,为了有效地提高"地堂子"内的温度,坑底常用马牛粪或煤炭灰等铺垫,马牛粪厚度25~30厘米。利用马牛粪发酵产生的热量,提高"地堂子"的温度,一般可持续增温3个月以上。这种方法,简单易行,成本低,效果好。

总之,盆栽食用仙人掌越冬管理就是围绕提高温度,节制浇水,让植株多见阳光这三个环节进行的,三者之间互相制约,互相影响。如栽培环境光照较差,就需要用较好的加温补光措施来弥补。相反,如果光照条件好,就可少加温甚至仅靠夜间保温也能安全越冬。

二、食用仙人掌露地栽培技术

仙人掌为多年生常绿植物,具有抗逆性强、生命力旺盛等特点。因而,露天栽培比较简单,但是,要获得高品质、高产量的食用仙人掌,也须创造食用仙人掌生长发育的最佳条件,并且精心管理。

(一)栽培地的选择与整地

1. 选地

(1)适宜的地区 ※我国地域辽阔,从南到北跨越热带、亚热带、温带、寒带4个气候带,南北气候差异极大。总体上来说,北纬26°以南的地区多为热带、亚热带地区,包括海南、广东、广西3个省、自治区,云南、四川、贵州、福建4个省的部分地区,冬季最低气温在1~2℃以上,可露地栽培食用仙人掌。北纬26°稍北的某些河谷和低平地区,冬季很少到0℃以下,也可露地栽培仙人掌。当然,上述省、区的部分高海拔地区,冬季气温低,比较寒冷,不适宜仙人掌的露天栽培。广大北方寒冷地区,均不适宜露地栽培食用仙人掌。

(2)适宜的土壤 栽培食用仙人掌的土地,最好选择背风向阳、便于排水、有灌溉条件、没有污染的肥沃砂壤土,并且土壤要以弱酸或中性(pH值6.5~7.0)为宜,并含有机钙质和腐殖质。要尽可能选择地势偏高,排水良好的平地或岗地。如果是坡地,则必须选择背风向阳的缓坡,坡度最好在15°以下,这样能够避免耕作时对地表的破坏而导致水土流失。坡地的位置最好在山的中、下腹为宜,不可过高。如果是谷地或小盆地,便要选择向阳面的中上部。

栽培食用仙人掌的土壤,还要选择物理性状好,团粒结构丰富、疏松透气、粉尘含量低、不太粘重的土壤。低洼积水地、土壤肥力低、地下水位偏高、不便排涝的田块,保水保肥性不高的沙田,含氯离子过高的盐碱地等均不适宜栽培食用仙人掌。内陆湖泊处的盐碱地也不适宜栽培。

我国长江以南地区年降水量多,土壤中含有大量的 Fe_2O_3 和 Al_2O_3,呈现微酸性,适宜食用仙人掌的栽培。南方的红土、黄土的特征,基本上符合食用仙人掌的栽培条件和要求,不足之处是腐殖质的含量较低、团粒结构稍差,可通过施肥进行调整。

2. 整地

(1) 平整土地　种植食用仙人掌的土地必须平整。平整土地的目的就是填平沟沟坑坑,铲除土包、高岗,整理干净地里的石块、砖块、铁质或其它杂物。如果栽培地没有明显的坡度,就必须在周围或其它合适的地方,挖好带有一定坡度的排水沟,以便雨水过多时能够及时排除多余的雨水。

(2) 翻地施基肥　土地平整好后,要进行翻耕,以促进土壤的疏松、熟化。一般耕地深度为20～30厘米,不能太浅。结合翻地,施入腐熟的有机肥作为基肥。一般,肥力较好的地块,每667平方米施基肥2～3吨;比较贫瘠的土壤,施入3～4吨。墨西哥人种植食用仙人掌时,有机肥的施入比较多,每667平方米年施有机肥达7～13吨。

深翻施肥后,将土壤耙细、耙平。

(3) 做畦　※根据仙人掌的生长特性和方便操作的需要,必须在整地的基础上做畦。※畦的高度一般在15～25厘米之间,不宜过高或过低,畦的宽度为100～120厘米(畦面做成鱼脊状),畦与畦之间的距离,即畦距应为40厘米,不宜过宽或过窄。

栽培仙人掌所做的苗床也有一定要求。苗床走向以南北比较适宜,因为南北走向有利于透光、通风,对仙人掌生长有一定好处。另外,栽培地如果在山坡上,苗床的走向便应当平行于等高线。这样能够减少水土的流失和土壤肥力的损失。

(二)种植技术

1. 栽植时期　仙人掌的露地栽植,除冬季以外,春、夏、秋3个季节都可以进行,但以春季和夏季为最适宜。因为春季和夏季气温高,种苗生根快,通常8~10天大部分就能生根,10天到半个月生根率可达到90%~95%。但夏季种植时必须避开梅雨季节,以防种苗腐烂。若秋季种植,应选在早、中秋进行,早、中秋的气温不是太低,不会影响到发根。若到了晚秋再种植就有些不太合适了。不过,只要在早霜前一个月种植仙人掌,基本上不会受到明显的影响。

种植仙人掌的气温以22~32℃较为适宜。如果温度太低,仙人掌生根缓慢;反之,温度太高,容易使种苗腐烂。

仙人掌种植时应选择在晴天进行,阴雨天或不够晴朗时不宜种植。晴天栽培有利于温暖种苗。如果栽培土壤偏湿,势必造成土壤中厌气菌的大量发生,容易使种苗腐烂。仙人掌种植好后最好不要遮荫,要是天气能够连续晴朗几天更为理想,这样会使地温提高,使仙人掌苗更好地生根。

2. 种植密度　仙人掌的种植密度没有一个统一的标准,要根据不同的情况作决定。种植密度,一看土地面积和种苗数量,二看种植目的。如果地多苗少,可以种植得稀些;反之,则可适当加大密度。

仙人掌的种植密度,还必须看种植目的。如果种植菜用品种,目的是生产蔬菜,密度可适当加大;若是要繁殖种苗,密度可适当减小;如果是种植果用品种,则应当稀植。墨西哥露地种植菜用仙人掌,采用的是传统的宽行大垄种植方式,行距为1~1.5米,株距25~50厘米,每亩可以种植867~2 667株不等,最常见的是每亩种植1 133株。我们可以参照墨西哥的种植规格做床,行距设90厘米,每床可设2行。若是生产蔬菜,株距按30厘米,每亩种植2 400株;若是生产种苗,可将株距加大到50厘米,每亩种植1 333

株;若是种植果用仙人掌,则无需做床,适当加大株行距,行距1.2米,株距0.5米,每亩种植1 100多株。

3. 种植方法　栽植仙人掌最合适的土壤含水量约为12%～18%。土壤湿度适宜的话,可以直接栽植;如果土壤湿度过大,须晾晒几天再栽植;如果土壤过于干燥,则须先浇透水,或等雨后晾晒上2～3天栽植。

栽种前选好种苗。种苗要健康、无病虫,大小适中,颜色深绿。如表皮已变成老黄瓜皮色则不宜作种苗,不饱满、有皱纹者也不宜作种苗。种苗上如有病斑,可用锋利的刀将其切除。切除时要一刀切除干净,以防出现反复感染。病斑切除后,在阳光下充分晾晒3天以上直到切口处变干变硬。

栽植时,在选定的位置挖穴,穴深20～25厘米,大小视种苗大小而定。挖好穴后要在里面填入一些疏松的、腐殖质较丰富的地表土至2/3处。种苗植入坑中大约6～7厘米,以掌片的2/5埋入土中比较适宜,掌片面向东西方向。种苗放好后,用土覆盖,掌片两侧的土要按紧实,最后再盖上一层松土就行了。

(三)田间管理

1. 水肥管理

(1)灌水　栽植后,1～2周内仙人掌处于生根阶段,只要天气不是十分干旱,10天之内一般不需要浇水。栽植后半个月,仙人掌陆续发芽,如果天气晴朗,或自然降雨量太少,就需要浇水。补充水分可以根据土壤湿度来判断,在地面15厘米以下,如果抓一把土不能捏成团块时,就说明土壤水分欠缺了。仙人掌种植后15～20天的浇水,一定要一次浇透。根据墨西哥人种植仙人掌的经验,在干旱时节,每个月如果能浇灌10厘米的水,则仙人掌的产量可以提高10%～25%。

我国南方地区的气候特点是春季稍有干旱,其它三季一般不会缺水,而且不少省份年降水量高达1 000～2 000毫米。因此,种

第四章 食用仙人掌的栽培技术

植仙人掌大多数是不需要浇灌的,而且需要注意排水防涝。

仙人掌对水质的要求不太高,湖水、河水、井水等都可以浇灌。浇灌用水以中性和微酸性为好。水的 pH 值不能过高,含碱含盐过高或含有其他有害化学物质的水,不能用以浇灌仙人掌。灌溉时还要注意,时间最好选定在天气较为凉爽的早晨或黄昏。如果在夏季,不能在烈日下浇灌,水必须经过晾晒再行浇灌,使水温和地温不出现过大的反差。

在秋末或入冬前,应浇一次透水。冬季仙人掌进入休眠期,一般不需要浇水,只要土壤保持有一定的湿度就可以了。如果冬季过于干旱,可适当浇灌一次,补充土壤中的水分。

(2)追肥　仙人掌的施肥必须是完全腐熟的有机肥,以有机肥为主,辅以磷肥,复合肥也可以。追肥一般每年分 2 次进行,一为壮苗肥,二为采后肥,分别在春季和秋季施用。休眠期不要施肥。

在平整土地时已经施入了基肥的,仙人掌栽植后暂时不需要追肥。一般约半年后,当由幼苗期向生长旺盛期转化时,追施壮苗肥,以促进生长,采用沟施法,每亩追施 1~2 吨充分腐熟的有机肥和适量的磷钾肥,沟的位置距仙人掌植株 20~25 厘米,沟深 20 厘米即可,把肥料埋进沟中,用土埋平就可以了。每年采收后,应该施用采后肥,以促进植株生长,积累越冬和下年春季萌芽生长的营养。在我国海南,一般是 3 月份追一次大肥,10 月份追施一次大肥。施入量为每亩每次用肥(沟施、坑施均可)1~1.5 吨。生长旺盛期每两个月根外喷施一次双效微肥1 000倍,加复合肥1 000倍。

关于种植仙人掌的施肥,墨西哥人采用的方式与中国人有所不同。他们的方法是,种植时在每行之间的空隙地上放 10~15 厘米厚的牛粪肥,一方面肥地、一方面压草。一般为 2~3 年施用一次。也有农民施用尿素和碳铵等无机肥,每年施肥 1~3 次。密植的,则需要每年施用一次有机肥,施量为每公顷用粪肥 100~200 吨,氮肥 100~200 千克,磷肥 100~150 千克。

施用有机肥的时间,要选在土壤比较干燥时,施完肥后接着灌溉,有利于肥效的迅速发挥。

2. 中耕除草　露地栽培仙人掌,种植地易生杂草。清除杂草最好不要使用除草剂,以免影响仙人掌的天然性。一年生仙人掌田间杂草可以用拖拉机或其它农具中耕除草。一年以后的仙人掌,由于植株逐渐长大,仙人掌的茎又容易破断,人工除草最为理想。

中耕既可以清除杂草,又可疏松土壤,有利于土壤透气和仙人掌根系的生长发育。但是,在年降水量偏大和地势低平的地区,土壤表层比较湿润,仙人掌的根系分布不深,尤其是种植半年后,仙人掌的根系浅,宜浅中耕。

仙人掌种植地的环境卫生也不容忽视。不仅应及时拔除杂草,而且应及时清除田间杂病腐株和已遭受病虫侵害坏掉的掌片、花朵、果实等,以减少或彻底消灭病虫害的侵染源。

3. 疏除植株　露地种植菜用仙人掌,初植密度通常较大,株距 30～45 厘米,每亩约 2 400 株。栽后 2～3 年内植株较小,株间的的空间还可以满足植株的生长。但随着植株生长,争夺空间的矛盾越来越突出,第四年可根据具体情况适当疏除植株,扩大苗间距。疏除植株,第一种方式为隔行间行,使行距加大为 90 厘米,间除 50% 的植株,以后长期保留此株数不变;第二种方式为行距不变,每行内隔株间株,使株距扩大为 40～50 厘米。两者相比,前者行距大,便于作业;后者植株分布均衡,不拥挤。

果用仙人掌初植密度较小,一般短期内也不需疏除植株,待盛果期到来时再根据具体情况确定疏除植株的方式和强度。

4. 修剪　一株成型仙人掌的掌片可分为 4 个层面:种苗为第一代(层),种苗上长成的掌片为第二代(层),在第二代(层)掌片上长出的掌片为第三代(层),在第三代(层)掌片上长出的掌片为第四代(层)。

种苗(第一代掌片)种下后大约一年时间,它的第二代(层)掌

第四章 食用仙人掌的栽培技术

片方能逐渐发育成熟。

生产仙人掌掌片的基础是第二代(层)掌片,因此保证第二代(层)掌片的生长是仙人掌高产的前提。第二代(层)掌片的保留特别重要,与种苗同一方向的两、三片生长健壮的第二代掌片要保留,其余的诸如弱小的、残缺的、畸形的、方向不对的第二代(层)的掌面都必须予以清除,坚决修剪掉。如果因可惜第二代(层)全部掌片不予修剪,任其生长,必然会使仙人掌由于水、肥及其他营养吸收不足,而导致第二代(层)掌片的发育不良,使仙人掌的产量下降,质量不高,因小失大。

第二代(层)掌片长出第三代(层)掌片时,必然要消耗营养,因而一年生仙人掌上长出的第三代(层)掌片要全部剪除,以保证第二代掌片的健壮生长。

当第三代(层)掌片生长到可菜用采收的标准时,应及时采割,以免影响新掌片的发生和生长。

如果仙人掌的肥、水条件好,每年可采割 5 次第三代(层)掌片。第二代(层)掌片也可以作种苗用采下。

5. 越冬管理 我国海南和广东、广西南部极端低温在 0 ℃以上的地区,露地种植的仙人掌可以不加保护,任其自然越冬,越冬期间仙人掌一般进入休眠状态,翌年春季气温回升后休眠解除又开始生长。在冬季极端低温 0 ℃甚至到 -1~-3 ℃的地区,露地种植的仙人掌需要越冬保护。一般情况下,若气温持续在零下的时间十分短暂,仙人掌通常并不会受到冻害;但若气温下降十分迅速并在 -1~0 ℃持续数小时甚至十几个小时,仙人掌就有被冻坏的可能。这种情况下,就要事先对仙人掌进行保护,可以在当地霜冻来临之前,搭盖塑料薄膜小拱棚,并根据气温变化情况随时揭盖薄膜调整温度,直到春暖去掉塑料薄膜。

(四)适时采收

仙人掌掌片的采摘必须把握好时间。掌片采收过晚,质地老

芦荟和食用仙人掌种植新技术

化,酸味过浓,影响品质;掌片采收过早,质地太嫩,酸性不够显著,产量低。

仙人掌第三代(层)掌片从出芽起大约15～20天能够长到15厘米左右,这个时候就可以进行采割了。不能让第三代(层)掌片无限制地生长。旺盛生长期的掌片应在15天以内采摘。

采摘时,必须注意保护第二代(层)掌片的完整无缺无伤,对生发新的掌片有很大的好处,且有利于掌片伤口的愈合。通常可以把第三代掌片留下一部分在上一代(层)掌片上。

仙人掌掌片采摘下来后,能够贮存30天左右,贮存室的温度要相对稳定。

三、食用仙人掌塑料大棚栽培技术

(一)棚和土壤的准备

1. 适宜大棚栽培的地区 仙人掌是耐热性的多年生常绿植物,在大棚内栽培,要求棚内年极端最低气温在0℃以上,这样才能避免仙人掌受冻害。并且要求棚内冬季气温能经常保持在8～12℃以上,保证仙人掌顺利通过冬季休眠。

在我国的大部分温带地区,一般使用塑料薄膜覆盖大棚都可以栽培仙人掌。

2. 大棚的准备和消毒 在适宜使用大棚栽培仙人掌的地区,按照当地气候条件,建造适宜于食用仙人掌栽培的大棚。对于重复使用的大棚,在使用前要进行整修;为了消灭或减轻病虫源,可采用硫磺熏蒸法、甲醛熏蒸法或百菌清等烟雾剂熏蒸法等,对棚架和空间消毒,具体方法参照温室内消毒。

3. 土壤消毒 对于重复使用的大棚,为了消灭或减轻病虫源,也要对土壤进行消毒。对于病虫害不严重的大棚,可利用大棚冬季和夏季休闲的时期,采取土壤深翻冻垡和晒垡的措施及夏季

第四章 食用仙人掌的栽培技术

太阳能消毒的措施。对于病虫害严重的大棚,可用甲醛、高锰酸钾等药剂消毒,具体方法参照温室内土壤消毒。

4. 整地施基肥　对于适宜仙人掌栽培的大棚土壤,可直接深翻整地,结合深翻整地每667平方米施入充分腐熟的有机肥3~4吨,然后耙细整平,做成高畦;干旱地区可做成平畦。

对于不适宜仙人掌生长的土壤,应先对土壤进行掺沙改良后再深翻整地和施基肥。

(二)仙人掌种苗准备和栽植

1. 种苗的准备

(1)种苗选择　※大棚栽培食用仙人掌,可以选择无病虫害、成熟健康的掌片作为种苗直接扦插栽培,也可以选择已培育生根并长出成熟二级掌片的健康种苗移栽。栽植前,应根据栽培面积和栽植密度确定种苗数做好准备。对于已生根的种苗,要在起苗后栽植前注意保存,保护好根系。

(2)种苗消毒　※远距离异地采购的种苗,在栽植前须经严格消毒处理后方可使用,以防病菌的传播和蔓延。因此对种苗要进行严格的检查,用消过毒的刀将病菌感染部位彻底削除,并对创伤的种苗用药剂进行消毒,具体可用800倍的百菌清或600倍的甲基托布津水溶液进行消毒,对细菌性病害用300倍的农用链霉素喷洒消毒,消毒后置于阳光下晾晒3天,使切伤部位完全愈合。

2. 种苗栽植

(1)栽植时期　仙人掌大棚栽植的最佳时间是春季。一般在3月,当棚内气温基本稳定在15 ℃以上时栽植。

秋季定植一般要提早进行,在9月下旬至10月下旬比较适合。栽植过晚,气温降低,对种苗生长不利,不利于仙人掌的越冬。

(2)栽植形式和密度　一般可采用垄栽或平畦栽培。菜用仙人掌初植密度较大,大棚一般都是先密植,以后再间苗。塑料大棚仙人掌的初植密度比露地栽培稍大,一般垄宽约40厘米,每垄栽

芦荟和食用仙人掌种植新技术

1行,株距30~40厘米,每亩栽4 000~5 000株。栽植密度太大,生长旺盛期空间竞争矛盾激烈,掌片不能充分生长,导致掌片小而薄,而且通风透光条件恶化,易引发各种病害,最终影响质量和经济效益。

(3)栽植方法 栽植时,根据种苗大小挖穴,一般穴深20~25厘米,在穴里面填入2/3表土和有机肥,将种苗2/5埋入土中,掌片面向东西方向,然后盖土、压实。

为了促进仙人掌的根系发育,提高种苗成活率,栽植后可以铺设地膜。

(三)栽植后的管理

1. 环境调控

(1)光照 仙人掌生长过程中不仅离不开光,而且需要强光照。如果光照不足,原本又宽又厚的掌片也会长的又细又长,甚至会长成三棱剑形,降低掌片的商品质量。而实践中,还未曾发现强光照对仙人掌生长的不利影响。因此,在塑料大棚栽培条件下,应尽量增强光照强度,连续阴雨雪天可人工补光。

人工补光可考虑尽量使用接近自然光的日光灯补光,或者水银荧光灯,每平方米用100瓦,将灯管置于种苗上方30~40厘米处,补光时间长短按需要而定。

(2)温度 塑料大棚的温度管理主要表现在冬季保温和夏季降温。

①保温:塑料大棚栽培食用仙人掌,在秋末冬初需要覆盖塑料薄膜,并在冬季注意保温。应保持棚内温度不低于0℃,经常在8~10℃以上。保温的主要措施有:加强棚体密封、多层覆盖、棚内铺防寒槽、临时加温等措施。

②降温:在春季需要加强通风降温,夏季还要揭除塑料薄膜,以保证食用仙人掌生长适宜的温度环境。春、夏季节,如果大棚内的温度达到或超过35℃时要设法降温,降温最常见、最简单、最有

第四章 食用仙人掌的栽培技术

效的措施是通风降温。通常是将大棚两侧塑膜扒开缝隙,或将裙膜上推放底风。往塑料膜上喷水也能起到一定的降温作用。由于仙人掌要求强光照条件,所以高温时不宜采用加盖遮阳网降温。如果棚内气温长期超过 35~40 ℃,则应撤去大棚塑料薄膜。裸露的环境下通风透气,即使气温超过 40 ℃仙人掌生长也无大碍。

(3)气体　仙人掌生长需要新鲜的空气,所以塑料大棚内栽培应注意经常通风换气,调整棚室内的气体成分。

在春、秋旺盛生长季节,可选择晴天向棚内人工施放 CO_2,连续进行 1~2 个月可以收到理想的效果。

大棚内的有毒气体主要来源于塑料薄膜、不适当施肥等多方面。高温下质量差的塑料薄膜便会释放出增塑剂二异丁酯、氯气等有毒气体,施肥不当会产生氨气、亚硝酸气和二氧化硫等有毒气体,对仙人掌都会造成危害。氨气浓度达到 5 微升/升时可使仙人掌受害,亚硝酸气浓度达到 5~10 微升/升时可使仙人掌受害,二氧化硫浓度达到 0.2 微升/升时仙人掌即受害。此外,棚室内的各种烟尘、灰尘、油烟、污物等也会对仙人掌造成危害。防止有害气体危害,首先应尽量避免有害气体的产生,其次是加强通风换气。

2. 肥水管理

(1)水分　水分条件直接决定着仙人掌生长的速度和质量。塑料大棚内栽培仙人掌因温度较高,对水的要求也较严格,应注意土壤和空气湿度的调节。棚内水分管理主要是浇水,可采用滴灌、喷灌、渗灌或沟灌。

一般,栽植后 2 周内棚内不需要浇水。待仙人掌发芽后,可视土壤墒情适当浇水。旺盛生长期约 20~30 天浇一次透水。冬季仙人掌进入休眠期,一般不需要浇水。

大棚塑料薄膜揭除后,棚内土壤水分管理与露地相同。

(2)追肥　施肥是增加土壤中的营养成分,促进植物生长的重要措施。只有土壤营养全面、充分,仙人掌才能丰产。

芦荟和食用仙人掌种植新技术

仙人掌在生长期对肥料的吸收量比较大。所以要适时的进行追肥,满足植株生长的需要。追肥有土壤施肥和叶面施肥两种方式。

仙人掌种苗移植3个月左右,根系和新掌片的发育都比较正常后,可以进行追肥。土壤追肥以腐熟的有机肥为主。施用腐熟的人粪尿应加水稀释8～10倍较好。腐熟的大粪干、畜禽粪、骨粉、鱼粉、草木灰等也可做追肥,但要适量掺土混合后施用。土壤追肥应选在土壤稍干时进行,追肥后立即灌水。

根外追肥的特点是用量少、利用率高,可用硝酸钠、磷酸钠、磷酸二氢钾、过磷酸钙等无机肥。按0.1%或0.2%比例配制成溶液向掌面喷洒。根外追肥的用量每667平方米一般不要超过8千克。追肥的方式、种类、数量均应根据苗龄、发育阶段、种植目的和土壤肥力等具体情况而定,总的原则是少量多次,无机肥与有机肥相结合,施肥与浇水相结合,施肥量随植株年龄增长而逐渐增加。

3. 修剪和疏除植株

(1)修剪 以掌片扦插栽植的,在种苗生根发芽后,每个种苗上一般保留与第一代(层)的掌片生长方向一致的第二代(层)掌片2～3片,去除其余的第二代(层)掌片,并培育好保留的第二代(层)掌片。第二代(层)掌片上生长的第三代(层)掌片是作为产品的掌片,但在第二代(层)掌片成熟前,如果发生第三代(层)掌片,为了减少营养消耗,应予剪除,以保证第二代掌片的健壮生长。

当第三代(层)掌片生长到可菜用采收的标准时,应及时采割,以免影响新掌片的发生和生长。

(2)疏除植株 大棚食用仙人掌初栽时采用密植栽培,栽后第1～2年植株间的空间一般还基本可以满足生长的要求,但到第3年空间矛盾就会突出,应疏除一部分植株,以扩大空间。可采用隔株间除或隔行间除,一次间除1/2植株;也可以分2年逐渐间除1/2的植株。

(四)及时采收

1. 采收时间 菜用仙人掌种苗种植后 6~8 个月内是母体生长阶段,此期间内不宜采收,否则将会影响母体生长。种苗长到 6~8 个月后,已形成强大的根系和地上部分。此时,每株种苗的二级掌片通常 1~3 片,平均 2 片,其大小已接近或超过母掌,已健壮丰满。此后,由二级掌上发出的三级掌应及时采收。采收的具体时间要视气温和掌片生长速度等具体情况而定,早了影响产量,晚了掌片老化,影响质量,一般以三级掌片生长 20~30 天时间采收为宜。

由于夜间掌片内积累了大量的苹果酸,早晨采收的掌片酸味很重,影响菜蔬品质。白天在光合作用情况下,苹果酸经卡尔文循环转化成 6—碳糖或淀粉,使酸度大大降低。经检测分析,下午采收的掌片其酸度仅相当于早晨的 10%~20%。所以,菜用掌片的采收时间应该确定在 15 时以后。

若采收的掌片是用于制做果脯、果汁和果酱,则应该在早晨采收。这样,掌片中含有大量的果酸,加工出来的产品就会酸甜适口。

2. 采收方法 采收时不可用手将嫩掌直接从母体上掰下,这样容易引起腐烂。正确的方法是,用锋利的小刀从嫩掌与母体交接处割断,最好将嫩掌基部稍留一部分于母体上,以保护母体不受感染。将切下的嫩掌轻轻放入筐中用毛巾(或毛刷)擦去(刷去)刺毛后包装贮藏。

3. 包装方法 仙人掌的货架寿命较长,一般都能达到 2 周以上。通常,掌片采收下来在 20 ℃条件下贮存 1 周后酸度才能稳定,所以包装袋上应该标明采收期。菜用仙人掌的包装方式有以下 5 种:

(1)散装 将掌片直接放进车箱里,这种方式只适合短途运输。

(2) 袋装 用塑料袋或编织袋包装,用这种方式包装,袋子必须带孔,以便通风透气,由于袋子抗挤压能力差,也只适合短途运输。

(3) 筐装 用竹篮或柳条编织的箩筐包装。箩筐尺寸通常为60厘米×40厘米×30厘米。装筐时轻拿轻放,装一层掌片,放一层带孔纸板或隔条,使上下片之间不直接接触,这样既能防止掌片互相刺破,又有利于透气。装满筐后,封好筐口。这种包装方式可以长途运输。

(4) 箱装 用4厘米×2厘米的木条按竹筐尺寸钉的木条箱包装,木条密度不要过大,孔隙度最好能占到1/3~1/2。装箱方法同上。木条箱抗挤压能力强,更便于长途运输。

(5) 圆柱体包装 在墨西哥常采用圆柱体包装方式。方法是,用一个直径70~80厘米,高40~50厘米,无底无盖的铁制圆筒,放置于铺在地上的方形编织布上。先向圆筒内放些杂草,然后紧靠着铁筒周边平放掌片,掌片两端要紧靠筒壁放置,长、短掌片掺和均匀,整齐地放入中部。装满后,慢慢转动铁筒,边旋转边上提,边上提边装入掌片,直至装至170~190厘米高为止。拿掉铁桶后再向掌片顶部撒上一层杂草,然后盖一块方形编织布。将上、下两块编织布的4个角各用1根绳子上下对应地扎紧。这样,就打好整个圆柱体的掌片包装。此包装可容纳3 000多片嫩掌,重250~300千克。将圆柱体包装直接搬运上车后,运往销售地点。

四、食用仙人掌温室栽培技术

(一) 温室和土壤的准备

1. 适宜温室栽培的地区 当气温降到仙人掌10℃以下时就会停止生长,气温降到0℃以下就会受冻,造成整个植株死亡。因而在我国北方的严寒地区,必须采取良好的保护措施方能使仙人

第四章　食用仙人掌的栽培技术

掌顺利越冬。近年来,我国的华北、西北、东北等地的日光温室有了很大的发展,只要温室内年极端最低气温在0℃以上,冬季气温能经常保持在8～12℃以上,就可以满足仙人掌的生活条件,就可采用日光温室栽培食用仙人掌。

2. 温室的准备　新建日光温室应按照当地气候条件和地理特点,结合食用仙人掌的生物学特性,设计建造结构合理、适合当地生产水平的日光温室。

如果使用旧温室,栽植仙人掌前应做好消毒,以消灭病虫源。日光温室空间消毒一般宜采用熏蒸法,常用方法如下:

(1) 硫磺熏蒸法　每亩温室用硫磺粉1千克,混合少许锯末,点燃,使二氧化硫气体充满温室空间,密闭8～12小时后,打开门窗通风换气。

(2) 甲醛熏蒸法　每亩温室,在容器中放入高锰酸钾粉末500克,然后将600毫升左右的甲醛(福尔马林)倒入其中(注意:由于高锰酸钾的强烈氧化作用,甲醛气体会迅速喷出,操作者面部要远离容器,以防药物溅出伤及面部和眼睛),使甲醛气体释放并充满温室空间,密闭8～12小时后,打开门窗通风换气。

(3) 百菌清等烟雾剂熏蒸法　将烟雾剂药盒按说明书用量在温室地面摆开,点燃导火索,烟雾迅速喷出。密闭8～12小时后,打开门窗通风换气。

用熏蒸法消毒时,药物用量须视温室面积及污染程度等具体情况而定。如有必要,还可结合使用新洁尔灭等常用药物对温室墙壁、角落、步道及工作间等进行喷洒消毒。

3. 土壤消毒　如果使用旧温室,栽植仙人掌前还应做好土壤消毒,以消灭土壤病虫源。土壤消毒常用的方法有:

(1) 甲醛法　先将表土集中,用稀释后的甲醛水溶液(浓度为20%)边喷洒边翻动土壤;每立方米土壤用甲醛原液500毫升,尽量使药液和土壤混合均匀,用塑料膜或草袋等物将土壤覆盖1周

芦荟和食用仙人掌种植新技术

时间,再掀开覆盖物,将土壤晾4~5天,至甲醛气味完全消失后即可使用。此消毒方法的优点是既可灭菌,又可杀虫,一举两得,而且效果比较彻底。

(2)高锰酸钾法　操作方法与甲醛法类似,只是将高锰酸钾配制成1/1 000水溶液进行喷洒,边喷洒边翻动土壤,喷完药无须薄膜覆盖即可直接使用。

(3)其他药物灭菌　可采用的药物有80%多菌灵、75%百菌清、70%甲基托布津等抗真菌药物,稀释成600~800倍水溶液进行喷雾;也可用链霉素500~800倍水溶液进行喷雾杀灭细菌。将链霉素与多菌灵等结合使用效果更佳。夏季高温地区还可以利用太阳能进行土壤消毒。

4. 整地做床　向土壤混沙、深翻后,打碎坷垃,充分耙细、耙平,然后做床。日光温室内苗床以南北向较好,既美观,又有利于透光。苗床宽度一般为1.4~1.6米,以在床间沟(步道)上能拔除床面中部杂草为宜。步道宽度30~35厘米,床面高于步道10~15厘米,有利于床面排水。也可做成平床,苗床宽度不变,在床间沟位置铺砖或水泥板作为步道。平床的优点是苗床两边的土壤不下滑,苗床的养分不易流失,还有利于仙人掌根向苗床两侧延伸。

5. 除草剂的使用　日光温室仙人掌的初植密度一般较大,栽植后杂草多而除草又不方便,可在种植仙人掌前,施用一次化学除草剂除草。美国罗门哈斯公司生产的23.5%果尔乳油制剂,属于触杀型除草剂,对三叶期以前的稗草、狗尾草等禾本科杂草有特效,且使用起来比较安全。用于仙人掌苗床除草可按每667平方米用23.5%乳剂100毫升计算用量,将果尔原液稀释成300倍水溶液,选择晴天、无风(或微风)的傍晚贴近床面喷药,使除草剂药液在地面形成一个覆盖均匀的药膜,第二天即可栽植仙人掌。栽植时注意不要破坏土表药膜。由于除草剂与土壤表层结合紧密,不易流动,所以种苗基部和新发出的幼根均不会受到药害,除草剂

第四章 食用仙人掌的栽培技术

也不会通过掌面的角质层进入仙人掌内部而影响产品质量。这样,除草剂药膜随时对新生杂草幼芽进行触杀,其杀草效力可保持30~45天,此期间要停止可能导致药膜破坏的一切作业操作。

(二)仙人掌种苗的准备和栽植

1. 种苗的选择 要选择无病虫危害的健康掌片作为种苗,生长时间越长的掌片越容易成活,但叶绿素消失,表面已黄化的老掌片则不宜采用。种苗的质量与成活率有直接关系,而作为种苗的掌片大小与新发出的二级掌片大小成正相关。种苗越大、越厚,发出的二级掌片就越大;种苗越小越薄,二级掌片就会越小。如将种苗切成若干小块进行育苗栽培,二级掌片就会比较窄小,往往长成圆棒形,要使它们长大非常困难。因此,若想使二级掌片长得又宽又大,种苗必须是大掌片。若能选择生长一年以上的二级掌片作为种苗,新掌片就能长得十分茁壮。

2. 种苗的消毒 为了防止种苗在采收和运输过程中可能产生的伤口感染病菌而发病,须对种苗进行严格的消毒处理后方可使用。常用的方法是,先用刀将杂菌感染部位削除,操作时要经常用70%酒精棉球擦拭刀口,或用酒精灯烧烤刀口,下刀时要一步到位,以防止反复感染。然后,用以下方法对创伤的种苗进行消毒:

(1)将受伤种苗置于漂白粉饱和水溶液中消毒15~20分钟,捞出后沥干,阳光下晾晒3天至切伤部位完全愈合。

(2)用800倍百菌清或多菌灵,或600倍甲基托布津水溶液对受伤种苗喷洒消毒,对细菌性危害的受伤种苗也可用300倍农用链霉素喷洒消毒,然后置于阳光下晾晒3天至切伤部位完全愈合。

(3)用新烧过的草木灰蘸伤口,晾晒3天至干。如在草木灰中加入800倍多菌清(或多菌灵)或600倍甲基托布津,效果更好。

(4)将0.1千克硫酸钠溶于3千克热水中,再加入1千克干石灰,搅拌均匀后,涂抹伤口,晾晒3天至干。

经上述方法消毒处理后的种苗即可用于温室栽培。

3. 种苗栽植

(1)栽植时期　日光温室内3月下旬至9月中旬都可栽植仙人掌。东北南部、华北和西北等地,栽植时间可视具体情况分别向前和向后延伸15~30天。为了提高仙人掌的成活率,最好是在开春温室去掉棚膜之后进行种植,从去掉棚膜一直到夏季,仙人掌的成活率都可达到95%以上。种植时间可延伸到秋季扣膜前的一个月。北方温室扣膜通常是在霜降时节,扣膜前一个月种植仙人掌应该使其在露地条件下生根,生根后的仙人掌再扣膜可明显减少腐烂和病害。

(2)栽植方法　仙人掌种苗栽植时,以掌片面向东西方向为宜,即掌的一面朝东,一面朝西,这样,两面受光均匀,有利于光合作用进行,并减少病虫危害。若是伤苗,要将伤口部位朝南,以充分接受日光曝晒。种苗栽植深度视种苗大小而定,一般以掌面长度的1/3为宜,在保持种苗直立不倒的前提下,地面以上部分稍大为佳,这样既可维持较大的光合作用面积,又可避免埋土过深。

(3)种植密度　菜用仙人掌种植密度可稍大,日光温室栽植,初植更应密植,一般株距30~35厘米,行距40厘米,邻行的种苗呈"品"字型排列,每亩种植5 000株左右。

(三)栽植后日光温室的管理

1. 环境管理

(1)光照　光照管理是日光温室日常管理的重要技术之一,主要措施有:

①人工补充光照:在冬季和阴雨天光照不足的情况下,可以用人工光源进行补充。日光灯、白炽灯、水银荧光灯等都比较实用,光线也和日光接近。

②张挂反光幕:在冬季和阴雨天光照不足的情况下,可以在温

室北墙上张挂镀铝反光薄膜,以增强栽培畦面的光照强度,提高气温和地温。

③降低光照强度:夏日温度过高时,可适当采用遮阳措施,降低光照强度和温度。

(2)温度管理 冬季要尽量把温室内温度控制在最适宜仙人掌光合作用的温度范围,以积蓄更多的太阳辐射能;夜晚则要渐渐降低温度,以利于减少呼吸作用。在秋末至次年初春,由于气温低、日照时间短、室内外温差大,这段时间的温度管理应以保温为主。夏秋两季外界温度较高,温室内温度变化快,幅度大,白天要注意放风,夜间要防止冷害。并尽量使仙人掌处于较大的昼夜温差中。

(3)水分管理 日光温室栽培仙人掌在用水量上不同于其它栽培方式,尤其是秋、冬、春三季,水量一定要合适。如果用大水漫灌,容易造成室内空气湿度过大,诱发病害。最好采用滴灌。温室扣膜期间,一定要防止空气相对湿度骤然升高,忌大面积灌水。可以采用分段灌水法,也就是把温室分为若干个区段,每天浇灌一个区段,依次轮灌。灌水期间,要在中午开窗换气。

(4)气体管理 仙人掌进行光合作用制造营养物质,需要有良好的气体条件。气体管理包括补充二氧化碳气体和防止有害气体产生和危害。

仙人掌生长期间的二氧化碳气体调节主要采取通风换气的措施,在棚膜未撤除期间,视生长情况可适当补充二氧化碳气体,施用二氧化碳气肥时温室要紧闭,浓度以 600~1 000 微升/升为宜,晴天施放,连续施放 1~2 个月。

防、除有毒气体,一是要选用安全的农用塑料薄膜及塑料制品,二要合理施用化肥和施用充分腐熟的有机肥,三要避免温室内煤火加温产生有害气体。一旦发现仙人掌异常,要及时通风。

2. 追肥　对于多年生的仙人掌来说,根据生长需要进行追肥十分重要。追肥分为土壤追肥和根外追肥。土壤追肥应该用腐熟的粪肥和腐熟的有机肥。粪肥要加水稀释9倍左右,粪干要加土。鱼粉、骨粉、草木灰等也可以作追肥,施用时亦要和细土混合。用化学肥料追肥必须埋进土中,埋土后立即灌水。应少量多次施用,避免集中、大量施用化肥。

根外追肥就是在仙人掌的掌片喷施肥料。特别是在仙人掌生长初期,根系的吸收能力不太强,从掌片上增加营养,是一项增产、保质的重要措施。掌面配施肥料的特点是用量少、吸收率高。常用0.1%或0.2%磷酸二氢钾水溶液喷洒。补充钙的不足可用0.3%或0.2%过磷酸钙或氯化钙配成水溶液喷施掌面。

3. 修剪整枝与疏除植株

(1) 修剪整枝　种苗栽培后,二级掌往往生长很快,经过2~3个月时间,其大小、厚度就能与母掌接近,再经过6~8个月就能发育成熟。只有二级掌又宽又厚,作为蔬菜的三级掌才能长得多而快。

要养好、养壮二级掌,首先,根据种苗的大小确定二级掌的数量。中等大小的种苗可保留2~3片二级掌,较小的种苗只能保留1~2片二级掌,大型的种苗最多保留3~4片二级掌,其余的二级掌片要全部削除。栽植第1年二级掌数量通常按下限保留,第2年再补足二级掌的数量;其次,确定好二级掌的着生位置,通常只保留着生于母掌上半部的二级掌,从母掌下半部长出的二级掌要全部削除;第三,选择同母掌方向一致的、健壮的掌片作二级掌,其它生长方向不对的、着生位置不对的、残缺的、畸形的、病虫危害的和弱小的二级掌片要全部修剪掉。不要因爱惜二级掌而任其自由生长,以致因小失大,影响产量。

二级掌生长发育和充实加厚过程中,新发出的三级掌幼芽应该去除还是保留,应视具体情况区别对待。在光照和水肥状况良好的情况下,可以使三级掌照常生长,长到足够大时可对其进行采收;若生长条件特别是光照条件不太理想,由于三级掌的生长可能会压弯二级掌时,就要毫不吝惜地削除全部三级掌幼芽,直到二级中掌能够承受三级掌的重量时为止。

三级掌的生长对二级掌的加宽、增厚可能有双重作用。据有人试验,从同一生长条件下的同一批种苗中,选取母掌大小接近且仅有一片二级掌的种苗200株,随机分成2组,分别量出每组种苗二级掌的长、宽、厚。第一组当二级掌上发出新芽时立即削除,第二组则任二级掌上发出的新芽长成三级掌。2个月后再次测量两组种苗二级掌的长、宽、厚,计算出两组种苗二级掌的增长量。比较发现,两组种苗二级掌的增长量差别不大,未经去芽处理的第二组二级掌的增长量比前者仅大7.35%。这说明不断去芽并不一定能促进二级掌的生长。可能的原因是,第一组去芽后半个月左右仍会发出新芽,2个月之内每个二级掌要去芽6~8枚,二级掌连续蕴育幼芽肯定会消耗更多的营养物质;第二组情况有所不同,新芽发出后很快形成三级掌,虽然消耗了一些水和无机盐,但三级掌能进行光合作用,合成的有机营养物质还能运输到二级掌,因而促进了二级掌的生长发育。

(2)疏除植株 菜用仙人掌日光温室栽培初植密度较大,生长至第3年就需要疏除植株,扩大苗距,间苗强度可控制在2/5~1/2,每667平方米保留种苗2 400~3 000株。如果初植时行距较小,可隔一行去一行,使行距加宽1倍,便于作业。第4年间苗时,行距保持不变,只在种苗拥挤处间苗,适当加大株距,每亩保留种苗1 500~1 800株。以后植株冠幅基本稳定,这一密度即可长期保持。

4. 日光温室仙人掌的四季管理

(1)春季管理 春季是仙人掌生长的最好的季节,管理对仙人掌的产量和质量的影响很大。仙人掌在温室生长,春季一般不用加温,而且要注意晴天的白天当室内温度超过35℃时通风降温,使仙人掌在最佳温度里生长。

仙人掌在春季生长随着气温的升高而加快,因此也应相应地加大水量和肥量。每隔20~30天浇1次水、施1次肥。3月份浇水不要用大水灌溉,应当用器具向根部局部浇灌。施肥不可单一,各种腐熟的有机肥要交叉施用,满足仙人掌快速生长的需要。

(2)夏季管理　夏季的特点是温度高,雨量大。温高雨大都会对仙人掌生长带来不良影响。要保证仙人掌的正常生长,必须在降温、防涝、施肥浇水、松土等措施方面加大力度。

①降温:夏季是一个高温季节。随着日照强度的增强,温室内温度升高。致使仙人掌处于休眠状态,不利于仙人掌的生长。因而必须采取遮阳等方法降低温室的温度。遮阳的方法很多,一般可用塑料遮阳网。同时遮阳网也会对防止冰雹起到作用。

②防涝:夏季多雨,而仙人掌又怕积水。为了使仙人掌免受积水危害,要在温室外挖条1米左右深的沟渠,与温室内的畦沟连接,便于室内雨水排放。

③施肥与浇水:夏季天气炎热、干燥,温室内的仙人掌在15~20天浇1次水,及时补充水分。施肥以腐熟发酵的鸡粪、饼肥为主。要施肥、浇水相结合,提高肥效。

④松土:松土不仅能够增强土壤的透气性,而且可以促进土壤中的各种营养成分被植物吸收。松土时顺便清理拔除杂草,保证仙人掌的养分不致流失。

(3)秋季管理　进入秋季,太阳光线的强度慢慢减弱,照射时间缩短,比较有利于仙人掌的生长。秋季气温会逐渐降低,这时要撤掉遮阳网,提高室内温度和光照强度。同时要对加温设施进行检查,发现故障及时修理,以备冬季加温之用。另外,逐步减少浇水量;备好冬用肥料。

(4)冬季管理　与露天栽培一样,温室仙人掌在冬季主要是防寒防冻。冬季日光温室里的温度不能低于10 ℃,必要时进行辅助加温,太阳光充足时,适当通风换气。冬季一般施1次肥即可,用20~27 ℃的肥水浇施最好。

(四)掌片的采收与包装

日光温室栽培食用仙人掌,掌片的采收、包装与塑料大棚栽培仙人掌基本相同。

芦荟和食用仙人掌种植新技术

第五章
食用仙人掌常见病虫害防治

一、主要病害

(一)炭疽病

1. 症状 炭疽病是由刺盘孢菌引起的真菌性病害。主要危害仙人掌地表以上10～15厘米的第一代掌片(即母片)。发病初期,在掌片表面出现深褐色半圆形小斑点,稍凹陷,然后逐渐扩大成近圆形棕褐色斑点,病斑多时连成不规则斑块,潮湿时病斑分泌出粘状物,干燥时病斑中间开裂。发病严重时病斑扩大蔓延,造成掌片腐烂,直至植株倒伏死亡。

2. 发病条件 发病适温为10～30 ℃,病菌在8 ℃以下,30 ℃以上停止生长,24 ℃是病菌最适温度。土壤湿度大时发病严重,湿度在95%以上发病很快,湿度小于45%基本不发病。在多湿的保护地及大田雨季发病率较高。

3. 防治措施　栽培措施有：选择优质种片；定植前进行种片和土壤消毒；多施磷钾肥；降低土壤湿度，保持棚室内采光和通风；尽量避免机械损伤；发现病斑，立即清除烧毁。化学防治措施有：用70%代森锰锌600倍液、65%好生灵600倍液、80%大生可湿性粉剂600倍液或75%百菌清600倍液，10～15天喷一次，有预防作用。发病后，可用50%施保功可湿性粉剂2000倍液、80%炭疽福美600～800倍液、70%甲基托布津600倍液、25%除菌通600倍液或60%防雾宝超微可湿性粉剂600倍液治疗，每5～7天喷1次，连续喷2～3次。

(二) 金黄斑点病

1. 症状　金黄斑点病为真菌性病害。主要侵染仙人掌植株嫩茎，老茎有时也发生。发病初期，茎片表面出现直径为2～3毫米黄褐色圆形斑点，稍凸出。随着真菌孢子的快速繁殖，斑点逐渐扩大连成不规则块状，严重时茎片表皮坏死，并与肉质分离。该病发病速度快，发现症状应及时处理。

2. 发病条件　气温22～28℃，湿度80%以上是其最适发病条件。

3. 防治措施　栽培措施有：加强田间管理，选用优质壮苗，多施磷钾含量高的腐熟有机肥，改善通风透气条件，降低土壤湿度，发现病株立即清除烧毁。化学防治的预防措施有，用65%好生灵500～600倍液、70%代森锰锌600倍液或75%达科宁600倍液喷施，每7～10天喷1次。治疗可用50%多菌灵500倍液、70%甲基托布津600倍液、58%雷多米尔600倍液或64%杀毒矾600倍液，5～7天喷1次，连续喷2～3次。发病严重时可用70%甲基托布津加58%雷多米尔混合喷雾。

(三)咖啡斑病

1. 症状　咖啡斑病亦属真菌性病害。主要危害仙人掌成熟茎片,嫩茎较少发生。发病初期为不规则片状斑,面积大小不一,颜色为咖啡色。片状斑逐渐扩大,使茎片全部变褐腐烂。

2. 发病条件　与金黄斑点病发病条件基本相同,但本病发病时间较长,以多雨高温的夏秋季为主,春季较少发生。

3. 防治措施　栽培措施有:多施磷钾含量高的腐熟有机肥,经常进行叶面喷肥,尽可能降低田间湿度,及时清除烧毁发病茎片和病株等。化学防治措施有:预防用80%大生可湿性粉剂600倍液、65%代森锌500倍液或75%达科宁600倍液,10天喷1次。治疗用50%多菌灵500倍液、60%防霉宝超微可湿性粉剂600倍液或甲基托布津600倍液喷雾,5~7天1次,连续喷2~3次。

(四)腐烂病

1. 症状　食用仙人掌腐烂病,从扦插种片(苗)至采摘前均可发生,在生长前期发病最盛。腐烂病发病初期在植株局部开始染病,而后在茎片上均出现黄褐色软腐点。植株生长衰弱,严重时导致掌片或植株腐烂而死。

2. 发病条件　食用仙人掌原因是多方面的,归纳起来有两大类原因,一类是生理性的,大多因管理不善引起。另一类是病理性的,由致病菌感染引起。土壤和周围环境,水和肥料,还有繁殖使用的工具,都有致病的细菌和真菌存在。若消毒不彻底病菌大量繁殖,病菌会从人为造成的伤口,害虫啃食造成的伤口和幼苗的表皮以及成形的植株茎的下部侵染植株。

3. 防治措施　栽培措施有:改善栽培场所的环境条件,做到

第五章 食用仙人掌常见病虫害防治

环境干净、通风良好、光线充足、温度适中;加强栽培管理,不用未腐熟的有机肥,所施肥料宁淡勿浓。

化学防治措施有:种片扦插时,开沟后顺沟施药防治蛴螬和金针虫等地下害虫,减少腐烂病侵染机率。用生物农药武夷菌素(即BO-10)150倍液(安全间隔期7天),或用150倍BO-10与500倍多菌灵液按1:1混用(安全间隔期7天),连续喷洒3~5次,防治效果可达90%~95%。

二、主要虫害

(一)蛴螬

又名地蚕,是金龟子的幼虫,为杂食性害虫,一般在地下活动,隐蔽性极强。蛴螬主要产生于未腐熟的有机粪肥中,特别是生鸡粪中数量最多。蛴螬主要危害仙人掌根系和茎部,将根茎咬断,造成植株死亡。防治方法有:

1. 施充分腐熟的有机肥。

2. 在有机肥中喷洒辛硫磷 每立方米有机粪肥用50%辛硫磷50毫升,加水稀释100倍喷洒,每667平方米用3%米乐尔颗粒剂2~6千克,混细干土50千克,撒于定植沟(穴)内。可兼治蝼蛄、大小地老虎、金针虫等地下害虫。

3. 90%敌百虫800~1 000倍液或50%辛硫磷1 000倍液灌根。

(二)红蜘蛛

成虫体长0.36~0.48毫米,圆形,呈透红色或深红色。以幼虫和成虫群聚掌片吸取汁液,导致叶片呈灰白色或枯黄色细斑,严重影响植株正常生长。红蜘蛛一年能发生多代,最适发生温度为

芦荟和食用仙人掌种植新技术

25～30 ℃最低适温为 7.7 ℃,相对湿度超过 70％时不利于其繁殖,因此红蜘蛛在高温干旱季节发病严重。防治方法有:

1. 农业防治　铲除田边野生杂草、消灭虫源;适时浇水,保持土壤湿润。

2. 药剂防治　1％农哈哈乳油 2 000 倍液、1.8％虫螨克 3 000 倍液、20％螨克乳油 2 000 倍液或 20％浏阳霉素 1 000 倍液等多种杀螨剂喷雾,每周 1 次,连续喷 2 次。

(三)蚜虫

蚜虫由瓜蚜、豆蚜、桃蚜、萝卜蚜和甘蓝蚜复合种群组成,属同翅目蚜科,成虫体长 1.5～2.6 毫米,各种蚜虫体色、形态不尽相同。危害时常常群集在仙人掌嫩茎上,刺吸掌片汁液,造成植株营养不良,长势衰弱。蚜虫在对仙人掌进行危害时,还分泌一种黏性蜜露,既招引蚂蚁,又污染掌片。

蚜虫繁殖能力强,一年发生 20～30 代不等。最适繁殖温度为 22～26 ℃,28 ℃以上发育就会受到抑制,相对湿度大于 75％时也不利于其繁殖。所以,干旱气候极利于蚜虫发生。

防治方法:以化学防治为主。可选用 10％吡虫啉可湿性粉剂 3 000 倍液、20％康福多 3 000 倍液、58％风雷激 2 000 倍液或 3％莫比朗乳油 2 000 倍液等喷雾防治,视虫情 7～10 天喷雾 1 次,连续喷 2 次。

(四)蚧壳虫

又名蚧虫,种类很多,以仙人掌蚧比较常见。它固定在仙人掌某一部位,以口器吸取茎片汁液,致使植株茎片枯黄,生长迅速衰退。同时还可排泄一种含有蜜露的黏状物,是多种病毒病菌的培养基。

第五章 食用仙人掌常见病虫害防治

防治方法：介壳虫成虫因有蜡质，药剂难以渗透进入虫体，化学防治往往不能取得预期效果。因此应重视预防，及时清除杂草，发现少量介壳虫及时刮除。常用药剂有50%杀螟硫磷100倍液、22%克螨蚧1 000倍液或喷洒石硫合剂，都很有效。

食用仙人掌常见病虫害如图5-1。

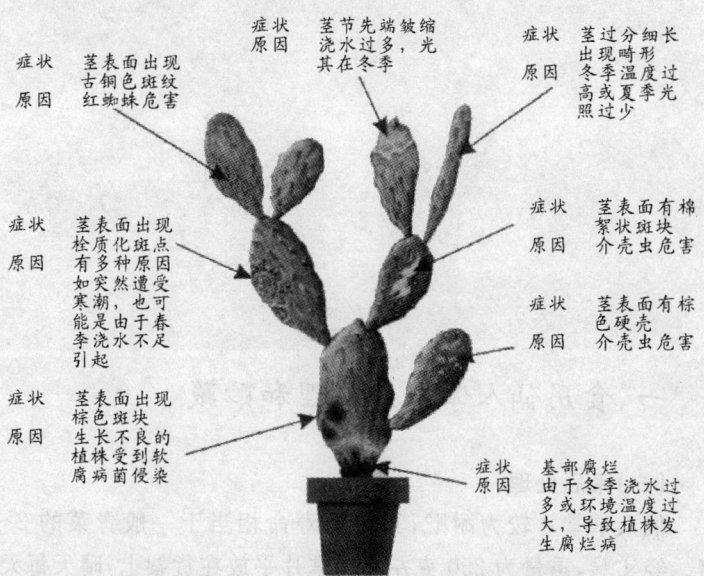

图5-1 食用仙人掌常见病虫害示意图

芦荟和食用仙人掌种植新技术

第六章
食用仙人掌的采后处理和加工

一、食用仙人掌采后处理和贮藏

(一) 采后处理

仙人掌掌片较为耐贮,其货架寿命相当于一般青菜的 2～3 倍。经实验,重量为 250 克左右的掌片平放在货架上,晴天每天失水 2 克左右,阴天每天失水仅 1 克多一点,平均每天失水率不超过 1%。但经过长期贮藏,所含水分将逐渐减少,纤维成分相对增多,口感会越来越差,原有的清香味也会逐渐丧失,使商品价值降低,造成经济损失。通过简易的采后处理,不仅能保持原有风味和新鲜度,同时便于烹调加工和贮藏运输。

1. 工艺流程　选料→去刺、清洗、去皮→切块→保脆→盐水热烫及护色→脱盐→装袋

2. 操作要点　(1)选料　保鲜的原料可分为两种。一种是生

第六章 食用仙人掌的采后处理和加工

长30～50天的幼嫩掌片,一种是生长2月以上的老掌片,都应具备以下4点要求:第一、无病、虫危害;第二、色泽翠绿或浓绿;第三,新鲜度好,采摘后存放时间,嫩掌片不超过3天,老掌片不超过1周;第四,贮存期内不捂、不冻、不伤热。如发现掌片上有少量病斑、虫孔或变质,必须立即切除。嫩掌片与老掌片虽然都可作为保鲜菜蔬的原料,但两者相比,嫩掌片不仅口感好,不发粘,风味清脆,而且容易加工,不需削皮、去筋,还省去了护色、保脆等繁琐工序。老掌片的优点是掌片厚,烹调时容易用刀切制成各种条块形状,而且仙人掌的清香气息较幼嫩掌片更加浓郁。

(2)去刺、清洗、去皮 用毛巾或刷子刷去掌面上的刺毛,再用清水洗净表面灰尘、污物。对于老掌片尚需用刀削去外皮,再用大号镊子拔去较粗的筋脉(维管束)。

(3)切块 将掌块切成约10厘米×6厘米的长方形大块。

(4)保脆 先用0.05%的$CaCl_2$水溶液将掌片浸泡8小时,然后移入清水中充分浸泡,其间换水2～3次,直到充分漂洗干净为止。

(5)盐水热烫及护色 在清水中加入1%～2%的食盐并加热至沸,再将0.15%～0.30%的铜叶绿酸钠投入其中作为护色剂。此时,立即将仙人掌下入沸腾的盐水中热烫10～12分钟,使仙人掌煮到半透明状态,盐水热烫还可减少仙人掌中的粘汁。

(6)脱盐 将仙人掌捞出后立即投入冷水中浸泡30～60分钟,以脱去大部分的盐水,然后用清水漂洗干净。将掌片捞出,放在洁净的沥水网架上空干多余的水分。

(7)装袋 把烫煮过的原料放在干净的操作台上,自吸过磅称重,将每400±5克菜块排齐,装入无色、无味、无毒的聚乙烯塑料袋中,用真空包装机抽成真空封口包装。在封口处打上出厂日期即可装箱。

3. 成品特点 菜块色泽翠绿,大小均匀,厚度一致,有弹性,

芦荟和食用仙人掌种植新技术

具有清香气味,无杂质。

(二)贮藏

仙人掌蔬菜货架寿命较长,一般能达到 2~3 周。但在贮藏过程中如不注意也会发生腐烂变质,造成经济损失。因此,必须讲究科学的贮藏方法。

1. **贮藏对原料的要求** 待贮的仙人掌必须新鲜、无病虫害;采摘前未受冻害,采摘后未受热,未淋过雨水,表面清洁干爽;外皮完好无损,无明显的刀割、刺孔、破皮和碎裂等外伤;具有适宜的成熟度。掌片的贮藏期与成熟度成正比,幼嫩的掌片皮薄、含水量大,容易受到杂菌的浸染,不耐贮藏;老掌片含水量略小,表皮的角质层厚,较耐贮藏。

2. **库房条件** 贮藏库要设在地势高、排水好、空气干爽、光线充足、通风良好的场所,并能达到以下条件:

(1)温度 最好能保持在 2~4℃。

(2)湿度 空气相对湿度以 25%~35% 为宜。

(3)光照 库房内应有正常光照,向阳面要有窗,使掌片和果实在受光时能进行光合作用,从而保持一定的生命活动,增强自身抵抗力。同时,光对杂菌的生长有抑制作用,使其繁殖速度大大降低,因而有利于菜、果贮存。

(4)通风 库房内必须保持良好的通风,通风在所有因素中几乎是最重要的。

3. **库房消毒** 贮藏库在使用前要彻底清扫,并进行全面的、严格的消毒。消毒最好药物熏蒸消毒和表面喷雾消毒并行,采用甲醛、高锰酸钾和新洁尔灭等低毒、无污染药物。

根据贮藏库使用面积,每 10 平方米安装 1 支 30 瓦紫外线杀菌灯,每天开灯杀菌 2 小时。此外,每周要彻底清扫库房 1 次,然后立即用熏蒸和喷雾法对库房内部进行 1 次彻底的消毒,以防杂菌滋生。

第六章 食用仙人掌的采后处理和加工

4. 贮藏方法　仙人掌蔬菜,不宜用塑料袋或编织袋袋装贮藏,更不可在室内或墙角堆放。一般可筐贮或架贮。

(1)筐贮　贮存前,用0.1%高锰酸钾或新洁尔灭对竹筐进行喷雾消毒,然后将掌片轻轻放入筐中,摆完一层后,放入一张消过毒的带孔厚纸板作隔离,或摆放几根细竹棍或木棍作隔离,再摆放第二层掌片,如此摆放掌片五六层即可,不必封盖。将竹竿或木方棍平行铺放在地上,把装好仙人掌掌片的竹筐整齐地摆放在竹竿上,竹筐离开墙壁40厘米远,竹筐之间保持10厘米的间距,以利通风。第二层筐要骑缝摆放,与第一层竹筐成"品"字形排列,如此至多摆放5层。然后,另起新行,行与行之间要留足够宽的通风道,以利作业和通风。

(2)架贮　货架采用木质或金属结构,分为5层,每层间距40厘米,货架隔层采用大网格通透型结构,每层2米,宽0.5米。货架经喷雾消毒后即可使用。将掌片摆在隔层上,摆满后,可在掌片上横放两竹筷粗细的隔离棒,然后再摆放第二层,如此可摆放掌片4～5层。

二、食用仙人掌休闲食品的加工

(二)食用仙人掌罐头

仙人掌具有滋补强壮作用,用其作主料,辅以桂圆、莲子、枸杞、红枣等制成罐头,具有补血健脾、养心安神的作用。

1. 工艺流程　选料→去刺、削皮→切块、热烫→辅料去杂→清洗、浸泡→预煮、冷却→装罐→密封→杀菌、冷却。

2. 操作要点

(1)原料选择　最好选择生长15～20天的新鲜仙人掌嫩茎,清水洗干净。

(2)去刺、削皮　将洗净的仙人掌用消毒镊子拔去刺,老掌用小刀削掉外皮。

(3)切块、热烫　削皮后用不锈钢刀切成长3～3.5厘米、宽1.5～2厘米的长方块，要求切边平整、光滑，不得带有毛刺。为了除去仙人掌的粘液质，切块后放入1%～2%的食盐沸水中热烫10～15分钟，水中事先加入0.15～0.2%铜叶绿酸钠进行护色，热烫至仙人掌块至透明状为宜，捞出后在冷水中浸泡30～60分钟，以脱去大部分盐分，然后用清水冲洗，沥干备用。

(4)辅料去杂　辅料桂圆肉、莲子、枸杞及红枣进行选料，分别除去杂质。

(5)清洗、浸泡　去杂质后分别用净水将各辅料清洗干净。将桂圆肉在30～35℃热水中浸泡20～30分钟；用捅心脱衣莲子，放入冷水中浸泡10～20小时，以浸透不裂口为准；枸杞在冷水中浸泡1～1.5小时；红枣在浸泡前每只核孔内嵌入泡透的莲子2粒，然后在冷水中浸泡2～3小时。各料捞出，分别沥干水分。

(6)预煮、冷却　将各辅料浸泡水过滤后配制成20%糖液，加入0.1～0.15%柠檬酸，搅匀煮沸，放入桂圆肉煮5～8分钟，取出冷却；升温至95～100℃，放入浸好的莲子持续煮5～8分钟，煮至酥软，不可过度，充分糊化莲子淀粉，以免引起破裂，但也不可过生，防止脆罐变质，煮好后分段冷却；将枸杞在糖水中预煮5～8分钟，取出急速冷却；夹心红枣在糖水中煮20～30分钟，以枣有透明感为止，冷却。

(7)装罐　先准备好填充液：按开罐糖液浓度14%～18%要求，用预煮糖水经沉淀过滤调配为浓度30%左右，内含5%蜂蜜、0.1%乙基麦芽酚、0.06%茶多酚，充分搅拌均匀；柠檬酸根据糖液pH加用，溶解后用双层纱布过滤，保温75～80℃备用。再准备空罐：挑选无破损的玻璃瓶，在2%的NaOH溶液、温度40～50℃条件下浸泡15～20分钟，刷净后用净水冲洗，烘干备用。然后装罐：每罐装入预处理好的仙人掌块200克、桂圆肉5克、枸杞15克、莲

第六章 食用仙人掌的采后处理和加工

子 10 克、红枣(夹心)40 克,然后加入保温 75℃以上的填充液 240 克,保证罐头净重 510 克。

(8)密封　装罐加汁后盖上消毒的罐盖,立即送真空封罐机抽气密封,真空度 300～350 毫米汞柱。封罐后要及时杀菌,间隔时间不超过 3 分钟。

(9)杀菌、冷却　杀菌公式为 5′～25′/100 ℃。杀菌后分段冷却,最后冷却至 38 ℃左右,擦干罐盖及瓶身余水即可。

(二)仙人掌什锦酱菜

1. 工艺流程　选料→清洗→切块→漂洗→腌制→装罐→抽气、封罐。

2. 操作要点

(1)选料　主料仙人掌选料要求同采后处理。配菜有青萝卜、胡萝卜、花生米、杏仁等。青萝卜胡萝卜要新鲜、不糠;花生米、杏仁不过夏,无霉变、生虫,无哈拉味。

(2)清洗　仙人掌去刺、清洗、去皮等做法同前。其他配菜要彻底清洗干净。

(3)切块　将仙人掌、青萝卜、胡萝卜粗切成大片,取其中一部分改刀切成 1 厘米见方的小丁;另一部分用梅花刀、花边刀等切成小花块和小花条。将两部分混和均匀后使用。

(4)漂洗　用清水将切制好的菜块充分洗净后,集中下缸。

(5)腌制　按每 50 千克菜蔬加人食盐 3 千克、酱油 5 千克、白砂糖 2 千克,搅拌均匀,再拌入适量姜丝、丁香、味精。

(6)装罐　每罐装固形物 125 克,要准确过磅,然后用量筒准汁到瓶肩处,使每罐重为 198～203 克。

(7)抽气、封罐　罐中心温度达 70～75 ℃时,立即用真空度 350 毫米汞柱以上的真空封口机抽真空封口。逐个检查封口,剔出不合格产品,用清水洗净罐外,擦干,贴上标签,装箱。

(三)仙人掌甜酱

1. 工艺流程　选料→去皮、洗切→煮熟→煮酱→装罐、杀菌。

2. 操作要点

(1)选料　选生长10个月以内的掌片,剔除病腐、虫蛀掌片。

(2)去皮、洗切　先用刷子刷去毛刺,用刀削去外皮,老掌片尚需去筋,洗净后切成小碎块,如有多功能切碎机可将其破碎打浆。

(3)煮熟　将切的小碎块或打成的浆状物放进锅中,加适量水,将其煮熟,用竹筷反复搅打成泥状。

(4)煮酱　煮着打成泥状后,按每千克去皮掌块加入砂糖800克、柠檬酸6克,以文火加热,不断搅拌,防止黏锅糊底和焦化,直至水分蒸发变为糊糊状。

(5)装罐、杀菌　熬好的仙人掌酱,趁热装瓶,然后放在滚水锅中排气、封盖,再放到蒸笼里或沸水中,加热杀菌。杀菌时间从上气算起,需30分钟。冷却后擦干瓶外,贴上标签装箱。

(四)风味仙人掌泡菜

1. 工艺流程　选料→清洗→切块→盐渍→漂洗→腌制→分装→封罐、灭菌。

2. 操作要点

(1)选料　主料仙人掌选料要求同采后处理。还要准备胡萝卜、红青椒、菜花、三角豆等配料。

(2)清洗　仙人掌原料去刺、清洗、去皮等做法同前,对其他配料蔬菜要求彻底洗净泥土、污物,切除虫孔部位;将切块仙人掌、胡萝卜、红青椒切成3厘米薄片,菜花切成3厘米见方的小块,豆角切成3厘米长的小段。

(3)盐渍　用原料重5%的食盐充分拌匀,盐渍4~5时。漂洗盐渍后的菜片倒入干净的漂水池中,用清水漂洗干净后立即捞出沥干多余水分,然后下缸。

(4)腌制　按每50千克料坯,加入白砂糖5千克,米醋4千

第六章 食用仙人掌的采后处理和加工

克,辣椒粉 300 克,姜丝 100 克,花椒 10 克,再加入与菜坯和凉开水至缸口,加盖封口,置于 18~20 ℃条件下腌制 5 天即成。

(5)分装　用洗净、消毒的 500 毫升或 760 毫升玻璃瓶,每瓶加入固形物 265 克或 395 克,然后用量筒补充汤汁至瓶肩。

(6)封罐、灭菌　用真空度 350 毫米汞柱以上的真空封口机封口。逐罐检查封口,剔除废次品后,用清水洗净罐外,擦干,贴上标签,装箱,即为成品。

五、美味仙人掌糖条

1. 工艺流程　选料→去刺、皮→切条→浸泡→漂洗→预煮→糖腌→第一次糖煮→第二次糖煮→冷却→晒干。

2. 操作要点

(1)选料　选生长 3~10 个月,厚 1 厘米以上的掌片,切去病腐、虫蛀部分。

(2)去刺去皮　先用刷子刷去毛刺,再用刀削去两面及边缘皮部,用镊子拔除老筋,用清水洗净。

(3)切条　切成长 4 厘米、宽 1 厘米的长条形。

(4)浸泡　将掌条没入 10%的石灰水中,用木板压住,使掌条全部浸入,持续 4~8 小时。

(5)漂洗　将浸过石灰水的掌条捞出,倒入清水池中,用清水漂洗干净,每隔 1~2 小时换 1 次水,共换 5~6 次水,将石灰去净。

(6)预煮　在锅内加半锅水,再加入 0.2%白矾,开锅后将掌条放入,煮 5~8 分钟,至掌条弯曲时不易折断为度,而后立即捞入冷水中冷却,凉透后,捞出沥干水分。

(7)糖腌　称取掌条重量 30%的砂糖,摆 1 层掌条撒 1 层糖,最上面 1 层掌条上多撒些糖,将掌条盖住,腌 48 小时。

第 1 次糖煮:将腌制的糖液放入锅内煮开,再倒入掌条,煮

15～20分钟后,倒入盆内,使糖液淹没掌条,浸2～3天,即可返砂。

第2次糖煮:将掌条从糖液中捞出控去糖液待用。另在锅内放入半锅糖液,煮沸后,再将掌条倒入,开锅后经常翻动,煮20～30分钟,糖液熬至118～120℃时,水分蒸发,糖液呈黏稠状,即可出锅。

(8)冷却　出锅后的掌条用铲继续翻动,使糖浆全部沾在掌条上。掌条表面稍干便可停止翻动,以免掌条上的糖砂脱落。将掌条倒在平板上散开冷却,待掌条表面上的糖结晶,出现白霜,制作即完成。

(9)晒干　如出锅时糖液浓度较稀,不易返霜,可将糖掌条放在阳光下晒6～8小时,即能返霜。

3. 成品特点　外表砂糖结晶色白均匀,掌条软硬适度,口味香甜纯正。